EDITORIAL

Liebe Leserinnen und Leser,

Zunehmende Restriktionen durch Betretungsverbote in vielen aktiven Abbaubetrieben und in stillgelegten Gruben durch den Naturschutz machen es uns heutzutage nicht leicht, Geowissenschaften aktiv im Gelände zu erleben oder auch Gesteinsproben und Fossilien zu sammeln. Dies gilt auch für viele Sand- und Kiesabbaue, in denen man Geschiebe und ihren Fossilinhalt finden kann. Viele Gruben sind nach dem Abbau Seenlandschaften und alte Halden mit Geschieben sucht man vergeblich. Dennoch kann der Geschiebesammler Erdgeschichte ganz anders erleben als derjenige, der sich anstehendem Gestein verschrieben hat, denn entlang der Ostseeküste finden sich zahlreiche „Steinstrände" und mehr oder weniger aktive Steilhänge, aus denen unentwegt neue Geschiebe herauswittern. Diese Fundstellen erscheinen schier unerschöpflich. Somit ist der Geschiebesammler in einer günstigen Position, was die Ausübung seiner Leidenschaft angeht. Zudem ist Geschiebesammeln vor allem am Ostseestrand familienfreundlich. Die gesamte Familie kann gemeinsam auf die Suche gehen und Kinder finden kaum etwas Spannenderes, als im Spülsaum nach Strandgut und Fossilien zu suchen. Auch geht in den allermeisten Fällen keine Gefahr von überhängenden Steilhängen aus.

Ein weiterer Vorteil ist die enorme Gesteinsvielfalt und der Umstand, dass große Bereiche des Phanerozoikums, also des reich belebten Abschnittes der Erdgeschichte, durch Geschiebefossilien belegt werden können. Wer etwas über die Erdgeschichte lernen möchte, kann im Geschiebe den konkretesten Anschauungsunterricht bekommen. Ein zusätzlicher Reiz ist, dass dabei vieles vom Zufall abhängt. Wer sich vornimmt, während einer Exkursion ein Geschiebe aus dem Jura zu finden, wird in der Regel nicht erfolgreich sein, aber möglicherweise findet er einen Sandstein aus dem Kambrium. Tatsächlich ist es möglich, dass dieses einen Schatz birgt, der seltener als der *Archaeopteryx* ist. Welcher Sammler träumt nicht davon, ein weiteres Exemplar von *Xenusion* zu finden – jenem rätselhaften Verwandten der Stummelfüßer, der bisher nur aus Geschieben bekannt ist und von dem nur drei Exemplare sicher belegt sind? Dieses Heft deckt die gesamte Bandbreite möglicher Fossilfunde ab, von „Jahrhundertfunden" wie *Xenusion* bis hin zum Feuersteinseeigel *Galerites*, den jedes Kind finden kann. Dennoch wurde bei den „Allerweltsfunden" auch auf die Abbildung besonders schöner Exemplare Wert gelegt, oft in mehreren Ansichten; denn es macht wenig Sinn, Fossilien abzubilden, die mangelhaft erhalten sind, denn dann sind ihre Merkmale nicht klar erkennbar.

All dies sind gute Gründe, sich mit sedimentären Geschieben und ihren Fossilien zu beschäftigen – ob in Sand- und Kiesgruben oder am Strand von Nord- und Ostsee. Geschiebesammeln heißt „Erdgeschichte erleben" in seiner gesamten Dimension – wir hoffen, Ihnen mit dem vorliegenden Heft Appetit auf eigene Exkursionen in diesen ganz besonderen erdgeschichtlichen Kosmos zu machen.

Wir wünschen Ihnen viel Spaß bei der Lektüre!

Jens Lehmann
(Herausgeber FOSSILIEN)

Günter Schweigert
(Herausgeber FOSSILIEN)

Der Autor

Prof. Dr. **Jens Lehmann** ist seit knapp 25 Jahren Leiter der Geowissenschaftlichen Sammlung an der Universität Bremen. Er stammt aus dem Münsterland und neben der norddeutschen Kreide und ihren Fossilien faszinierten ihn in seiner Kindheit ebenso die Fossilien aus dem Geschiebe. In seiner Jugend war die Fördertätigkeit im Münsterländer Kiessandzug auf ihrem Höhepunkt, wodurch er schon in frühen Jahren einen guten Überblick über die erdgeschichtliche Entwicklung gewann. Frühe Kontakte, unter anderem zum Geschiebeforscher Roger Schallreuter, führten ihn dann an die wissenschaftlichen Arbeitsweisen heran. Er stieß die Gründung eines Zusammenschlusses der „Geschiebesammler Münsterland" an, zu der auch die Sammler Herman Akkerman (Enschede) und Harald Rohe (Salzbergen) gehören, von denen auch etliche Fossilien in diesem Sonderheft abgebildet sind.

Als Jugendlicher war er federführend an einer Reihe von Ausstellungen beteiligt, darunter auch „Eiszeitliche Sedimentärgeschiebe – Fossilien aus dem Münsterländer Kiessandzug" am Geologisch-Paläontologischen Museum in Münster in Zusammenarbeit mit Prof. C. Oekentorp im Jahr 1986. In diese frühe Phase fällt ebenfalls seine erste Veröffentlichung über das Thema Geschiebe in dieser Zeitschrift (FOSSILIEN 3/1988: „Geschiebesammeln – Der Münsterländer Hauptkiessandzug").

Auch in seiner Forschung arbeitet er immer wieder über Fossilien aus Geschieben, hervorzuheben ist das Projekt über Unterkreidefossilien von Hohendorf bei Wolgast, welches unter anderem eine völlig unbekannte Ammonitenfauna vorstellte. Heute beschäftigt er sich hauptsächlich mit marinen Geoökosystemen des anstehenden Mesozoikums weltweit. Jens Lehmann arbeitete bereits über mehrere Fossilgruppen, die Cephalopoden sind seine bevorzugte Fossilgruppe.

Inhalt

Jens Lehmann

Geschiebe-Fossilien – versendet vom Gletscher

Zweifelsohne kann fließendes Wasser buchstäblich Berge versetzen. Das geschah in jüngerer erdgeschichtlicher Vergangenheit durch das Flusssystem des Eridanos, welches vom Baltikum und Skandinavien bis zur Mündung im Bereich der heutigen Nordsee verlief[19]. Zwischen dem Miozän und dem frühen Pleistozän – also zwischen etwa 20 und 2 Millionen Jahren vor heute – wurde viel Material in Richtung der heutigen Nordsee bewegt.

Der größte Teil dieses Schutts war aber von überschaubarer Größe. Riesige Felsbrocken waren nicht darunter und zudem war nach einer ersten Phase der Auffüllung die Möglichkeit einer weiteren Anhäufung von Material im Gebiet zwischen dem heutigen Norddeutschland und den Niederlanden sehr begrenzt. Die Menge an Geröllmaterial, welche der Eridanos heranbrachte, hielt sich also insgesamt in Grenzen. Die zum Teil riesigen Findlinge, die wir im nördlichen Deutschland und den Nachbarländern finden, können jedoch nicht von fließendem Wasser, sondern nur von Eis verfrachtet worden sein. Mit Beginn des Kaltzeitalters wurde Wasser zu Eis und in seiner festen Form als Gletscher gelang nun ein ungleich tiefergreifender Abrasionsprozess und anschließender Transport. Während der Kaltzeiten waren in der Folge ganz Norddeutschland und das riesige Gebiet bis zum Nordpol von Eismassen bedeckt[24,109]. Die Eisbedekkung erreichte im Saale-Glazial (vor etwa 160.000 Jahren) und im Elster-/Mindel-Glazial, vor 65.000 Jahren, Maxima und damit die größte Ausdehnung in Deutschland (1). Das Inlandeis erstreckte sich bis an den Rand der Mittelgebirge. Auf den eisfreien Gebieten wuchs meistens eine baumlose Tundrenvegetation. Die Karte zeigt deutlich: Wäre man während eines Hochglazials mit dem Flugzeug über Nordeuropa geflogen, hätte man nicht viel mehr als einen Eispanzer gesehen. Die aus Skandinavien kommenden Eismassen hobelten den Untergrund ab.

Nachdem das Eis abgeschmolzen war, gab es den Blick frei auf das, was uns heute noch im Untergrund begegnet: den fein zerriebenen, sandig-kiesigen Gesteinsschutt, oftmals mit dezimeter- bis metergroßen Findlingen der Gletscher. Die Abbildung zeigt einen Gletscher am Ende einer Vereisungsperiode (2). Unter dem abtauenden Gletscher ist die Fracht zu sehen, die er unter seinem Fuß mitbrachte und die wir heute als Grundmoräne kennen (2A). Sie enthält reichlich Geschiebe mit Fossilien und ist heute zum Beispiel an der Ostseeküste entlang vieler Steilhänge aufgeschlossen. Das vor dem Gletscher hergeschobene Material, welches nach dem Auftauen vor der Gletscherfront liegen blieb, bezeichnen wir als Endmoränen. Sie enthalten Geschiebe in großer Konzentration und sind für den Sammler von Geschiebefossilien daher natürlich besonders interessant. Typische Landschaftsformen in Schleswig-Holstein oder auch die Harburger Berge bei Hamburg sind heute hügelig und die Äcker dieser Gebiete sind besonders steinreich, so dass Bauern am Feldrand Wälle mit diesen Steinen aufhäufen (2B). Der Fossilienfreund kann jedoch auch im Bereich der Sander fündig werden. Hier führten die Abflüsse aus dem Moränengebiet mitunter Geschiebe als Geröllfracht mit – heute sind die ehemaligen Sanderflächen Flachland – ein Beispiel ist die Lüneburger Heide (2C). Auch wenn die Gesteinsfracht der Sander geringer ist als diejenige der Moränen, liegen einige wichtige Fundorte von Geschiebefossilien in Sandern, so auch ein Streifen zwischen Anklam und südlich Greifswald, aus dem in diesem Heft auch einige Funde abgebildet werden (Fundort Wolgast-Hohendorf). Die Abflüsse der Sander mündeten in Flüsse und bildeten die Urstromtäler unterschiedlicher Dimension; Beispiele sind Elbe und Aller (2D). Die kalten Winde, die von den Gletschern hinunter ins Flachland wehten, brachten Staub in das Mittelgebirgsvorland und bis in die Mittelgebirge hinein. Die daraus entstandenen Ablagerungen kennen wir heute als Löss (2E) – sie finden sich besonders ausgeprägt südlich einer Linie von Hannover und Magdeburg.

Externer Link zu einer Kurzfilmserie der Geowissenschaftlichen Sammlung der Universität Bremen über Phänomene, die man in eiszeitlichen Ablagerungen Norddeutschlands durch Lackfilme bzw. Sedimenttransfer-Methode abbilden konnte.

1: Maximale Eisbedeckung Deutschlands im Elster-Hochglazial vor etwa 65.000 Jahren. Die Höhen Norddeutschlands stellten morphologische Barrieren dar und wurden von den Eismassen umfahren oder durchbrochen. Auf diese Weise transportierten die Gletscher auf dem letzten Teil ihrer Reise Lokalgeschiebe mit ihrem Fossilinhalt in die weiter südlich gelegenen Absatzgebiete. M = Münsterland-Eis, W = Weserbergland-Eis, H = Harzrand-Eis, E = Elbe-Eis. Vereinfacht nach Thome[197].

Der Weg der Gletscher aus Skandinavien war lang und daher wurde eine Fülle unterschiedlichster Gesteine aufgenommen – praktisch fast alles, was auf dem Weg nach Süden das steinerne Fundament der von den Gletschern überfahrenen Landschaft bildete (3). Die kräftig rote Farbe in der Karte zeigt, warum wir heute als Geschiebe auch sehr viele Tiefengesteine finden. Granite, Gneise und Migmatite aus dem Archaikum und Proterozoikum stehen in weiten Teilen Skandinaviens an und so begegnen uns bei der Suche nach Geschiebefossilien auch sehr viele Kristallingesteine. Die Karte verrät, warum Gesteine aus dem Altpaläozoikum, vor allem dem Ordovizium und Silur und ihre Fos-

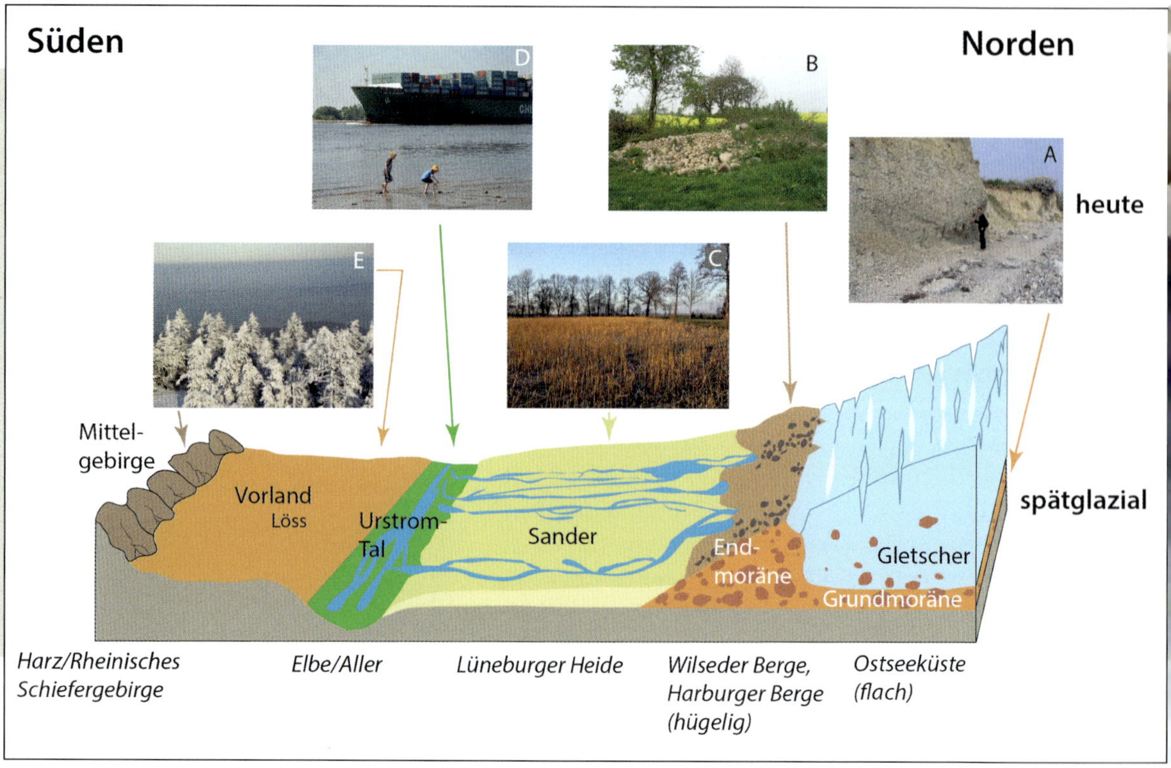

2: Ende eines Vereisungszyklus in Norddeutschland mit sich zurückziehendem Gletscher (rechts) und davor liegender Endmoräne sowie darunter liegender Grundmoräne, in deren Gesteinen Geschiebefossilien vor allem gefunden werden können. Das Schema zeigt zudem heutige Landschaftsbilder dieser eiszeitlichen Hinterlassenschaften (A–E) und benennt Beispiele typischer Landschaften.

silien häufige Geschiebefunde sind, aber beispielsweise Sedimentgesteine des Devons bis zur Trias eher selten vorkommen. Dabei ist zu beachten, dass natürlich nicht nur die heutigen Festlandsbereiche, sondern auch der Grund der heutigen Ostsee zu betrachten ist. Sie entstand erst vor 12.000 Jahren, am Ende der letzten Kaltzeit. Hier steht noch heute eine große Anzahl von Gesteinen vom Kambrium bis zum Paläogen an. Die Bewegungsrichtung der Eismassen war dabei nicht nur Nord-Süd, sondern viele Gesteine wurden auch aus dem Ostbaltikum zu uns verschleppt, d.h. hier herrschte eine Nordost-Südwest-Bewegungsrichtung vor (3).

Das Eiszeitalter besteht nicht aus einer einzigen Eiszeit, sondern aus einer zyklischen Abfolge von Glazialen und Interglazialen (4). Die Abbildung zeigt 12 unterschiedliche Komplexe für Norddeutschland. Diese beinhalten mehr als zwei Dutzend Wechsel in der Klimageschichte zwischen kalt und warm. Der skandinavische Eisschild, der zur Eisdrift und letztendlich zur Bildung der Geschiebe führte, baute sich vor etwa 800.000 Jahren auf. Ein möglicher erster Vorstoß der Gletscher nach Norddeutschland ist dann erst mit etwa 700.000 Jahren datiert. Die Masse der Geschiebefossilien wurde mit dem Vorstoß der Gletscher im Elster-Glazial, denen des Saale-Komplexes und des Weichsel-Glazials zu uns transportiert. Mit dem Holozän, vor 11.700 Jahren, begann die Nacheiszeit und die Gletscher schmolzen

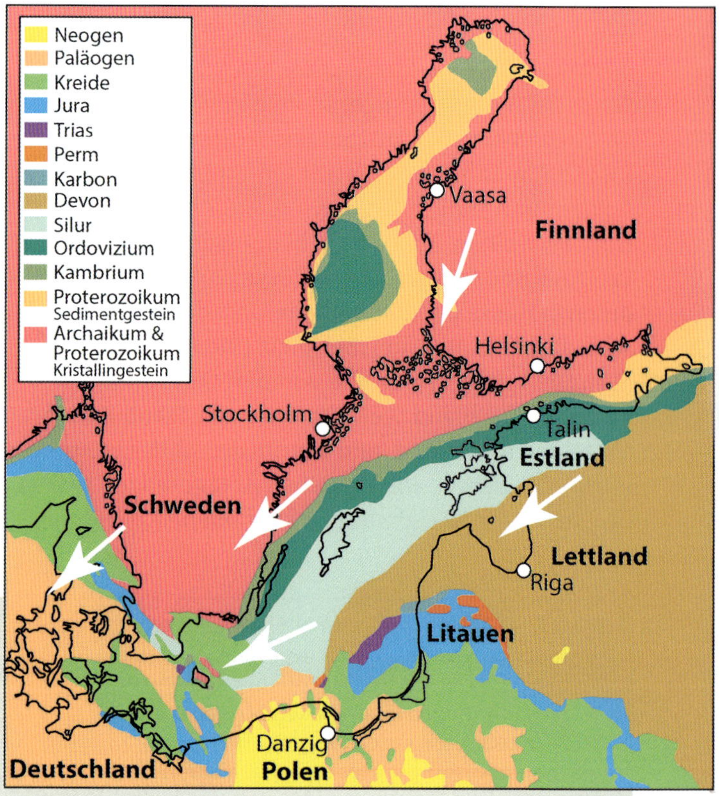

3: Stark vereinfachte geologische Karte des baltischen Raumes mit abgedecktem Pleistozän – die Herkunftsgebiete der Geschiebe zeigend. Die Pfeile geben die hauptsächlichen Transportrichtungen an. Modifiziert nach Uścinowicz[198].

			Stufengliederung	Unterstufen N-deutschland	Bewegungen des Inlandeises
Holozän					Skandinavien eisfrei Abschmelzen des Inlandeises
Pleistozän	Ober-Pleist.	11.700	Weichsel-Kaltzeit	Weichsel	Vorstoß bis Schleswig Holstein
			Eem-Warmzeit	Eem	
	Mittel-Pleistozän	129.000	Saale-Komplex	Warte-Stadium	Vorstoß bis über die Elbe
				Drenthe-Stadium	Vorstoß in die Westfälische Bucht, zum Niederrhein und in die Niederlande
				Wacken/ Dömitz	
				Fuhne	Vorstoß bis nach Dänemark
			Holstein-Warmzeit	Holstein	
			Elster-Komplex	Elster	Vorstoß in das Weser-Ems-Gebiet und in die nördlichen Niederlande
			Cromer-Komplex	Ruhme Glacial C Rosmalen Glazial B Hunteburg Glacial A Osterholz	Vorstoß nach Norddeutschland?
	Unter-Pleistozän	770.000	Bavel-Komplex	Dorst Pinneberg Elmshorn Uetersen	Aufbau des skandinavischen Eisschildes
			Menap-Komplex	Pinnau	
			Waal-Komplex	Tornesch	
			Eburon-Komplex	Lieth	
			Tegelen-Komplex	Ellerhoop Krückau Nordende	
		2,6 Ma	Prätegelen-Komplex	Eckholt Warmhörn Kaltenhörn	

4: „Die Eiszeit" war nicht einheitlich kalt, sondern wärmere und kältere Temperatur wechselten zyklisch wie diese Gliederung des Kaltzeitalters in Norddeutschland zeigt. Die roten Farben stehen für Warmzeiten, die blauen Farben für Kaltzeiten. Vereinfacht nach Walter[207], Bewegungen des Inlandeises nach Speetzen & Zandra[193]. Absolutes Alter nach International Union of Geological Sciences[51].

endgültig ab und die jüngsten Endmoränen entstanden in Norddeutschland. Diese Klimaveränderungen kann man aus den Sedimentabfolgen im ehemaligen Vereisungsgebiet erschließen, sowie den Pflanzenpollen, Sporen sowie tierischen Fossilien in den nicht rein glazialen Ablagerungen. In marinen Sedimenten der Ozeane ist das Wechselspiel zwischen Kalt und Warm ebenfalls ablesbar – so dienen Isotopenwerte der darin enthaltenen Schalen von Einzellern (Foraminiferen) als Proxys (Stellvertreterwerte), d.h. man kann an ihnen indirekt die Klimaveränderungen ablesen und Temperaturkurven rekonstruieren[20,103,149,208,214].

Doch was sind eigentlich die Gründe für den raschen Wechsel von Kalt- und Warmzeiten? Schuld daran sind die Milanković-Zyklen, das sind die langfristigen Veränderungen in der Sonneneinstrahlung auf unsere Erde, sogenannte astronomische Zyklen (5). Konkret sind die zyklischen Änderungen in der Neigung der Rotationsachse der Erde (Präzession, ein neuer Zyklus beginnt alle ca. 26.000 Jahre), die Neigung der Erdachse (ein Zyklus alle ca. 41.000 Jahre, Obliquität) sowie die Erdbahn um die Sonne (alle ca. 95.000 Jahre, Exzentrizität) zu nennen. Im Pleistozän haben sie den Wechsel zwischen Glazialen und Warmzeiten verursacht[134]. In der gesamten Erdgeschichte gibt es aber auch viele Beispiele, an denen wir auch andere Auswirkungen dieser periodischen Schwankungen beobachten können. Zu nennen sind hier Veränderungen in der Karbonatproduktion während genereller Warmzeiten, wie in der Kreide oder dem Devon (vgl. FOSSILIEN 5/2020: 26–31).

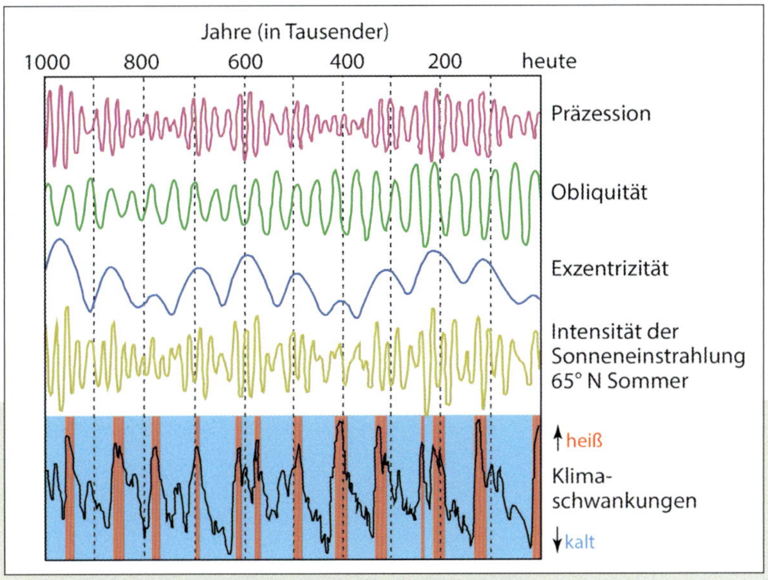

5: Milanković-Zyklen als Auslöser für den Wechsel von Kalt- und Warmzeiten während des Pleistozäns – der Grund, dass Geschiebe überhaupt entstehen konnten. Verändert nach Robert A. Rohde (CC BY-SA 3.0).

6: Eine natürliche Assoziation verschiedener Geschiebe am Ostseestrand. Die Masse der Geschiebe sind die besonders widerstandsfähigen magmatischen Gesteine – aber auch hier sind einige Sedimentärgeschiebe (S) erkennbar, die Fossilien enthalten können – wie der Toneisenstein in der Bildmitte rechts oder die Kalkkonkretion in der oberen linken Ecke. Feuerstein (F) ist ebenfalls sehr widerstandsfähig und entsprechend häufig – einige Exemplare hier sind an den weißen Krusten mit schwarzem Kern erkennbar.

Geschiebe – unglaubliche Vielfalt

Nach dem Abschmelzen der Eismassen gaben diese eine unglaubliche Gesteinsvielfalt frei, etliche hundert vom Eis verfrachtete Gesteinsarten – wir nennen sie auch Geschiebetypen – können unterschieden werden (6).

Von manchen Geschiebetypen liegen uns nur wenige Beispiele vor, andere hingegen finden sich in großer Menge, wie z. B. der Feuerstein. Der Begriff Geschiebe bezieht sich dabei auf die Verfrachtung von Festgesteinsbruchstücken durch Eismassen, nicht unbedingt auf die Größe, obwohl damit meist Gesteinsstücke von handlichem Format gemeint sind. Winzige Geschiebe sind nur wenige Millimeter groß, besonders große nennen wir Findlinge und riesige Gesteinsmassen aus Lockergestein wie Sanden oder gebundenen Gesteinen wie Ton und Mergel sind als Schollen bekannt (7). Sie blieben nur durch den gefrorenen Zustand im Zusammenhang und sind oftmals größeren Ausmaßes – von mehreren Metern bis großdimensional. Die glazialen Schollen sind dabei begrifflich von durch tektonische Fugen getrennten Schollen und auch von den Gesteinsmassen, die in Magmatiten als Nebengesteinsschol-

Der abschmelzende Elfenbeingletscher auf Spitzbergen gibt den Blick auf die Moräne frei – ein modernes Beispiel wie Fossilien von Gletschern verfrachtet werden.

len auftreten, durch ihre Entstehung durch Eisdrift klar zu unterscheiden. Der etwas genauere Blick auf Findlinge, die beispielsweise Vorgärten oder Parks zieren, zeigt, woraus die Masse der Geschiebe besteht. Es handelt sich um magmatische oder metamorphe Gesteine aus Skandinavien, namentlich um die Überreste einstiger Gebirge, welche den alten Festlandsrumpf dieser Gebiete bilden. Diese Gesteine werden zusammenfassend als kristalline Geschiebe bezeichnet[45]. Sie sind durch die ihnen eigenen Mineralzusammensetzungen und Texturen als besonderes Sammelgebiet sehr lohnend und man könnte damit leicht ein weiteres Sonderheft dieser Zeitschrift füllen.

Hier soll es jedoch um die sedimentären Geschiebe und ihren Fossilinhalt gehen, denn diese erlauben uns tiefe Einblicke in die Evolution des Lebens auf unserem Planeten. Einerseits sind die Geschiebe zwar aus dem ursprünglichen Gesteinsverband gerissen worden und dadurch fehlen viele Zusammenhänge. Der große Vorteil der Geschiebefossilien ist jedoch, dass man auf engstem Raum Fossilien sämtlicher Erdzeitalter finden kann. Hierdurch bieten Geschiebefossilien dem Sammler eine einmalige Vielfalt und der an der erdgeschichtlichen

7: Das Holtwicker Ei ist ein Findling in der Gemeinde Rosendahl in Nordrhein-Westfalen mit einem Gewicht von etwa 30 Tonnen – gut die Hälfte davon ist im Untergrund verborgen. Es handelt sich um einen Granit, also ein magmatisches Gestein.

8-10: Einordnung der hier behandelten Geschiebetypen in die internationale geologische Zeitskala der International Union of Geological Sciences (2022)[51]. In Klammern ist jeweils die Herkunft der Geschiebetypen bzw. Gesteine angegeben (S = Schweden, N = Norddeutschland, U = unbekannt, D = Dänemark, O = Ostseeboden/-umgebung).

8

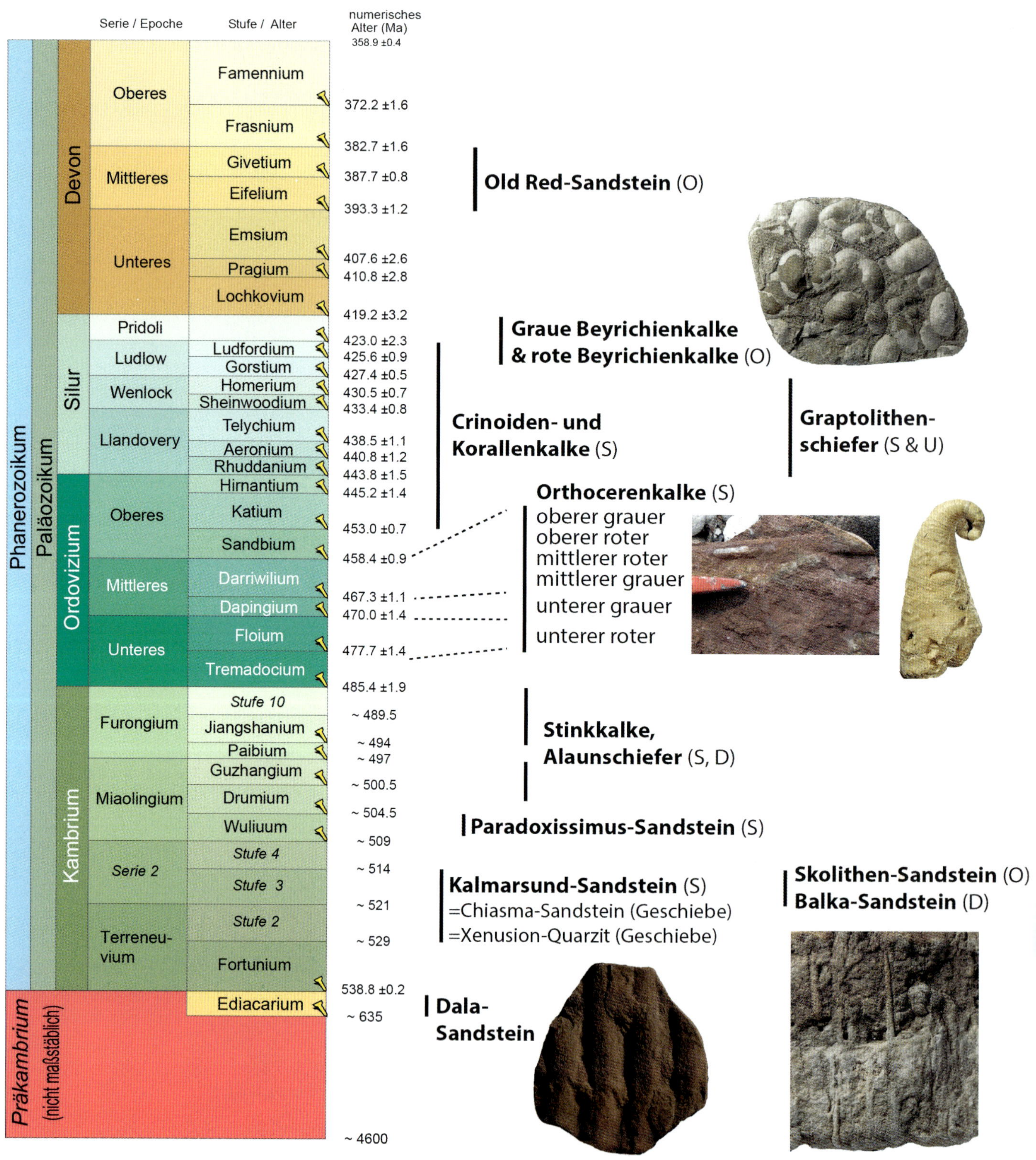

9

Äonothem / Äon	Ärathem / Ära	System / Periode	Serie / Epoche	Stufe / Alter	GSSP	numerisches Alter (Ma)
						~ 145.0
Phanerozoikum	Mesozoikum	Jura	Oberer	Tithonium		152.1 ±0.9
				Kimmeridgium	x	157.3 ±1.0
				Oxfordium		163.5 ±1.0
			Mittlerer	Callovium		166.1 ±1.2
				Bathonium	x	168.3 ±1.3
				Bajocium	x	170.3 ±1.4
				Aalenium	x	174.1 ±1.0
			Unterer	Toarcium	x	182.7 ±0.7
				Pliensbachium	x	190.8 ±1.0
				Sinemurium	x	199.3 ±0.3
				Hettangium	x	201.3 ±0.2
		Trias	Obere	Rhaetium		~ 208.5
				Norium		~ 227
				Karnium	x	~ 237
			Mittlere	Ladinium	x	~ 242
				Anisium		247.2
			Untere	Olenekium		251.2
				Indusium	x	251.902 ±0.024
	Paläozoikum	Perm	Lopingium	Changhsingium	x	254.14 ±0.07
				Wuchiapingium	x	259.51 ±0.21
			Guadalupium	Capitanium	x	264.28 ±0.16
				Wordium	x	266.9 ±0.4
				Roadium	x	273.01 ±0.14
			Cisuralium	Kungurium		283.5 ±0.6
				Artinskium	x	290.1 ±0.26
				Sakmarium	x	293.52 ±0.17
				Asselium	x	298.9 ±0.15
		Karbon	Pennsylvanium – Oberes	Gzhelium		303.7 ±0.1
				Kasimovium		307.0 ±0.1
			Pennsylvanium – Mittleres	Moscovium		315.2 ±0.2
			Pennsylvanium – Unteres	Bashkirium	x	323.2 ±0.4
			Mississippium – Oberes	Serpukhovium		330.9 ±0.2
			Mississippium – Mittleres	Viséum	x	346.7 ±0.4
			Mississippium – Unteres	Tournaisium	x	358.9 ±0.4

Herausragende Geschiebesuiten

Behandelte Geschiebetypen

Kelloway-Geschiebe (O)

Karbonat-konkretionen des Lias

„Liasknollen"
Ahrensburger (O)
Münsterländer (N)

Muschelkalk und Oolite (N, S)

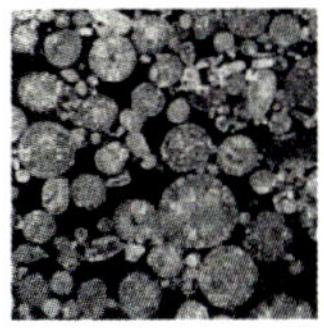

Geschiebe Karbon bis Trias generell sehr selten, aber lokal Anhäufungen möglich

Kohlen, Ton- und Sandsteine (N)

Kieselkalke, Crenistria-Bank (N)

10

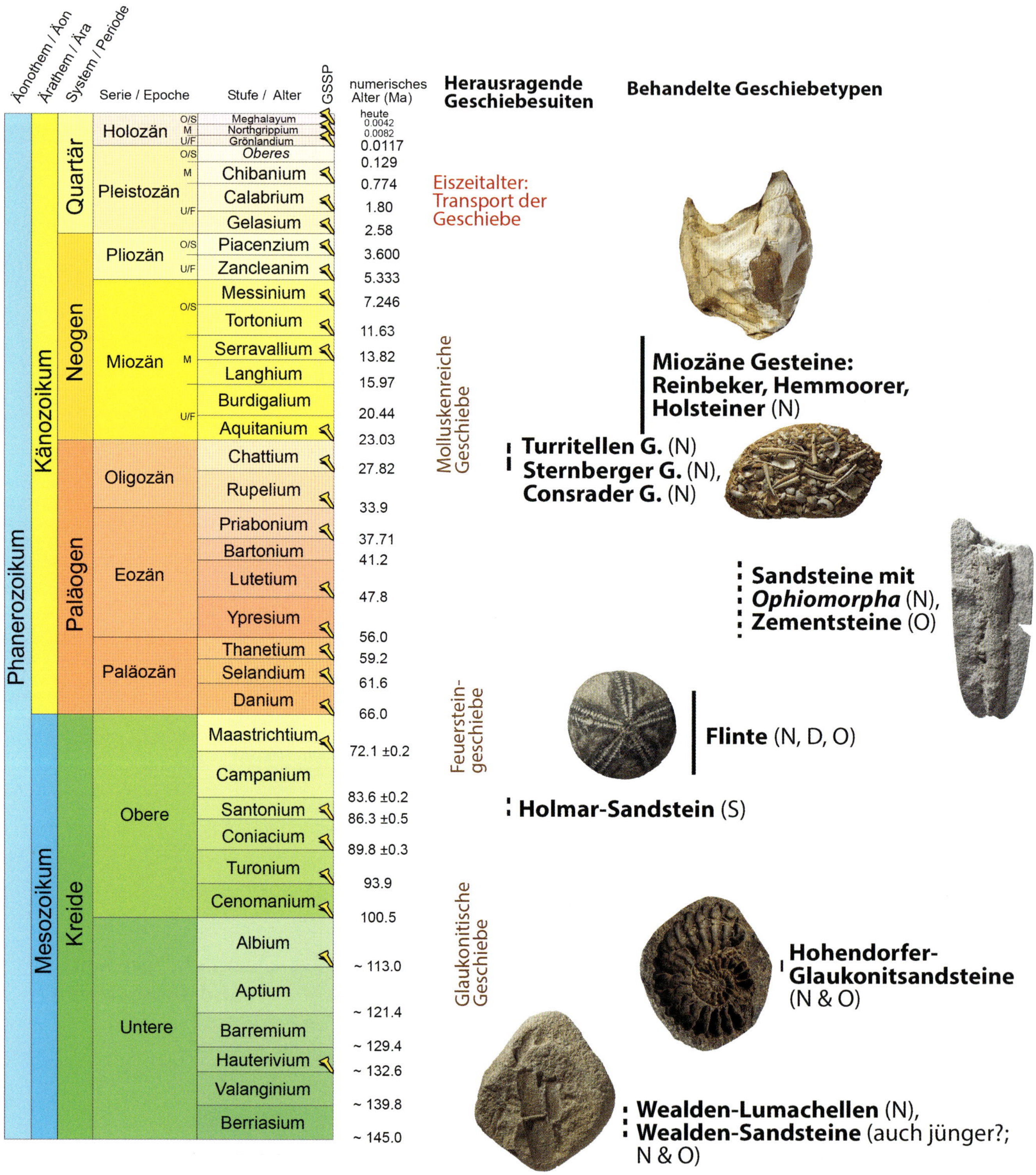

Äonothem / Äon
Ärathem / Ära
System / Periode
Serie / Epoche
Stufe / Alter
GSSP
numerisches Alter (Ma)
Herausragende Geschiebesuiten
Behandelte Geschiebetypen
Phanerozoikum
Känozoikum
Mesozoikum
Quartär
Neogen
Paläogen
Kreide
Holozän
Pleistozän
Pliozän
Miozän
Oligozän
Eozän
Paläozän
Obere
Untere
O/S
M
U/F
Meghalayum
Northgrippium
Grönlandium
Oberes
Chibanium
Calabrium
Gelasium
Piacenzium
Zancleanim
Messinium
Tortonium
Serravallium
Langhium
Burdigalium
Aquitanium
Chattium
Rupelium
Priabonium
Bartonium
Lutetium
Ypresium
Thanetium
Selandium
Danium
Maastrichtium
Campanium
Santonium
Coniacium
Turonium
Cenomanium
Albium
Aptium
Barremium
Hauterivium
Valanginium
Berriasium
heute
0.0042
0.0082
0.0117
0.129
0.774
1.80
2.58
3.600
5.333
7.246
11.63
13.82
15.97
20.44
23.03
27.82
33.9
37.71
41.2
47.8
56.0
59.2
61.6
66.0
72.1 ±0.2
83.6 ±0.2
86.3 ±0.5
89.8 ±0.3
93.9
100.5
~ 113.0
~ 121.4
~ 129.4
~ 132.6
~ 139.8
~ 145.0
Eiszeitalter: Transport der Geschiebe
Molluskenreiche Geschiebe
Feuerstein-geschiebe
Glaukonitische Geschiebe
Miozäne Gesteine: Reinbeker, Hemmoorer, Holsteiner (N)
Turritellen G. (N)
Sternberger G. (N),
Consrader G. (N)
Sandsteine mit Ophiomorpha (N),
Zementsteine (O)
Flinte (N, D, O)
Holmar-Sandstein (S)
Hohendorfer-Glaukonitsandsteine (N & O)
Wealden-Lumachellen (N),
Wealden-Sandsteine (auch jünger?; N & O)

Entwicklung insgesamt Interessierte kann ohne große Reisen in kürzester Zeit enorm viel lernen – es genügt Übung im Gelände und das Studium von Literatur. In diesem Heft soll die Paläontologie einiger besonders typischer Geschiebetypen herausgegriffen und erdgeschichtlich eingeordnet werden. Selbstverständlich nur beispielhaft, denn eine Vollständigkeit kann in diesem Rahmen nicht geleistet werden. In einer Übersicht wird versucht, die Themen in den erdgeschichtlichen Zusammenhang einzuordnen und neuere Forschungserkenntnisse zu berücksichtigen (8–10).

Herkunft und Verbreitung von Geschiebetypen

Obwohl kristalline Geschiebe den überwiegenden Teil der regionalen Geschiebespektren stellen, unterscheidet sich in manchen Gebieten die Gesteinszusammensetzung durch ein deutlich häufigeres Vorkommen an Sedimentgesteinen, die gelegentlich charakteristische Fossilien enthalten (11). In der weiteren Umgebung von Hamburg wurde dies bereits Mitte des 19. Jahrhunderts erstmals registriert – in Form von Geschieben aus dem Unteren Jura (Toarcium)[117]. Diese Jura-Geschiebe kommen zusammen mit solchen aus dem oberen Pliensbachium und einer Vielzahl kreidezeitlicher Gesteine vor. Die in das Berriasium bis Barremium datierten Kreide-Geschiebe stammen dabei aus der terrestrischen Wealden-Fazies; andere marine Sedimentgesteine können mangels Fossilien nicht datiert werden. Glaukonitische und phosphoritische Grünsande stechen heraus, sie sind kürzlich durch Cephalopoden in das Aptium eingestuft worden[84]. All diese

Artikel in früheren Ausgaben von FOSSILIEN zum Thema Geschiebekunde allgemein und Fundregionen.

Gesteine wurden seit den 1960er Jahren „Ahrensburger Geschiebesippe“ genannt[30], nach der Ahrensburger Gegend nordöstlich der Stadt Hamburg. Zwar etablierte sich der Begriff in der Folgezeit in der Literatur, jedoch ist seine Verwendung nicht korrekt, denn er legt nahe, dass es sich um eine genau definierte Assoziation von Geschieben handelt, die an einer Reihe unterschiedlicher Orte während eines ähnlichen Zeitraums im Pleistozän und möglicherweise sogar mit der gleichen Verfrachtungsgeschichte entstanden sind[84]. Einzelne Vorkommen finden sich jedoch auch außerhalb der Typusregion. Es gab daher schon länger Vorschläge, den Begriff zumindest einzuschränken, da die statistische Analyse der Geschiebeverbände an verschiedenen Orten des Gebietes Unterschiede in der Zusammensetzung sedimentärer Geschiebe ergab und zu unterschiedlichen Zeiten während des Pleistozäns akkumuliert wurden[106]. Zudem sind die Gesteinsassoziationen an den unterschiedlichen Fundorten viel variabler als früher angenommen. Trotzdem ist die Assoziation und das Fehlen von Gesteinen aus dem Mittleren und Oberen Jura für die Bestimmung des Alters der Ausgangsgesteine von Bedeutung. Nach zahlreichen Diskussionen über viele Jahrzehnte ist es heute aufgrund der Faziesverteilung und Lithologien klar, dass die Quelle der jurassischen und kretazischen Gesteine im Gebiet nördlich der Oder und südlich der Insel Bornholm zu suchen ist. Den unterkreidezeitlichen Grünsanden kommt dabei eine besondere

11: Die Eisverfrachtung hat die Gesteine nicht gleichmäßig vermischt; besonders Geschiebe regionaler Herkunft sind in eiszeitlichen Ablagerungen oftmals angehäuft – so wie hier Sandsteine der Unterkreide in einer Kiesgrube bei Wolgast, Mecklenburg-Vorpommern.

Bedeutung zu. Letztere kommen und kamen unter dem quartären Deckgebirge zwischen dem Greifswalder Gebiet im Nordosten Deutschlands und der Insel Bornholm vor. Sie zeigen des Weiteren prinzipielle Ähnlichkeiten mit denen aus dem Gebiet um Wolgast-Hohendorf, obwohl sie zeitlich nur teilweise übereinstimmen dürften[84].

Sammeln und Präparieren von Geschieben

Geschiebesammeln unterscheidet sich in einem entscheidenden Punkt vom Sammeln im Anstehenden. Es fehlt der stratigraphische Zusammenhang, d.h. das Geschiebe steht isoliert für sich und nur der Inhalt dieses eng begrenzten Stückchens Erdgeschichte alleine kann Auskunft über das geologische Alter und die Fazies liefern, die wir in den Händen halten. Dies führt dazu, dass beim Geschiebesammeln jede in dem Geschiebe vorkommende Art erfasst und aufbewahrt werden sollte, oder im allermindesten Fall Notizen darüber angefertigt werden sollten. Die Information, welche die Assoziation der Fossilien in einem Geschiebe liefert, ist wertvoller als ein gut erhaltenes isoliertes Stück.

Was die Präparation von Geschiebefossilien angeht, gelten natürlich keine anderen Gesetze als für Fossilien aus dem Anstehenden. Daher soll hier nur auf einige Besonderheiten eingegangen werden, denen man sonst gewöhnlich im deutschsprachigen Raum im Anstehenden nicht begegnet.

Kalzitisch erhaltene Schalen von Organismen aus altpaläozoischen Kalken sind in der Regel in grobkörnigem Blockzement (Sparit) überliefert, also rekristallisiertem Kalkmaterial, welches die ursprüngliche Schale ersetzt hat. Oftmals ist dieser Sparit nicht auf die ursprüngliche Trennschicht an der Oberfläche des Fossils beschränkt, sondern dehnt sich – beim Vorliegen entsprechender Wegsamkeiten – unregelmäßig in das umgebende Gestein aus. Dieses geschieht vornehmlich bei sandigen Kalkgesteinen, da bei diesen die notwendigen Porenräume und auch die Durchlässigkeit am ehesten gegeben sind. Beim Spalten von Geschieben gewinnt man daher oft Steinkerne und es haften dann mitunter Sparitreste auf dem Steinkern. Der erfahrene Präparator wird diese unter dem Binokular mit Druckluftmeißeln entfernen. Falls dies nicht erreicht wird, kann auch das Heruntermeißeln bis ganz knapp über den Steinkern und danach ein Wegstrahlen unter

12: Gesteinshalde in der Kiesgrube Neuenkirchen-Offlum im Münsterland. Die schwarzen Gesteine sind Tonsteine des Unteren Jura. Sie enthalten Konkretionen, welche mitunter stark angewittert sind und eine besonders schonende und einfache Präparation ermöglichen.

geringem Druck und mit geringem Strahlmittelfluss erfolgen. Auf diese Weise wurde beispielsweise der Hinterrand einer Muschel aus dem Beyrichienkalk (Kapitel über das Silur) nachpräpariert, fast 40 Jahre nachdem sie mit der „Aufschlagen und fertig"-Methode entdeckt wurde.

In manchen Fällen – wenn Geschiebe über Jahrtausende der Verwitterung oder kalklösenden Grundwässern ausgesetzt waren – können Naturpräparate entstanden sein, die kein Präparator so gut hätte präparieren können. Ein Beispiel sind ausgewitterte Korallen aus dem Münsterländer Kiessandzug des Saale-Glazials (12), die besonders in den heute nicht mehr im Abbau befindlichen Gruben von Klein-Haddorf, Ahlintel und Gut Gravenstein zu finden waren. Die lange Verweildauer im Grundwasser kann aber auch die Härte der Gesteine positiv verändern. In einigen Lagen des Münsterländer Kiessandzuges sind jurassische Konkretionen so stark verändert, dass sie extrem weich geworden sind und sich dadurch hervorragend präparieren lassen (siehe Kapitel über den Jura) – unvergleichlich besser als Material des Anstehenden im benachbarten Teutoburger Wald, aus dem diese Gesteine einst verfrachtet wurden. Legendär sind auch auf dieselbe Art und Weise weich gewordene altpaläozoische Kalke, deren Mikrofossilgehalt auf diese Art und Weise vom Amateurpaläontologen Rainer Schäfer über Jahrzehnte hinweg untersucht wurden – was zu zahlreichen Publikationen führte[167,168].

Fossilien, die in Feuerstein (=Flint) erhalten sind, gelten in der Regel als unpräparierbar. Sowohl die Matrix als auch die Fossilien bestehen aus amorphem Quarz und haben daher keine Trennlinie. Es gibt jedoch Fossilien, bei denen aufgelöste und nicht vollständig ersetzte oder fehlende Kalkschalen zu einem Spalt zwischen Feuersteinfüllung des Fossils und dem eigentlichen Fossil geführt haben. Diese lassen sich herausmeißeln (13). Alternativ wird in der Literatur auch wiederholtes Frieren und Auftauen der Flintblöcke genannt, um sie mürbe zu machen[107].

Für Fossilien, die mit der Matrix „in einem Guss" vorliegen, gelingt das nicht. Hier hilft nur Schleifen. Dazu dienen Diamantscheiben und, um in den Feuerstein hineinschauen zu können, dann Polieren. Auf diese Art und Weise konnten in jüngerer Zeit beispielsweise Seesterne freigelegt werden – Feuersteinfossilien, bei denen man es früher für illusorisch hielt, Einblick in ihren Aufbau zu erhalten[15,73,74]. Neben der generellen Verletzungsgefahr bei der Präparation von Feuersteinfossilien muss man vor allem beim Herausschleifen von Fossilien sehr viel Geduld mitbringen.

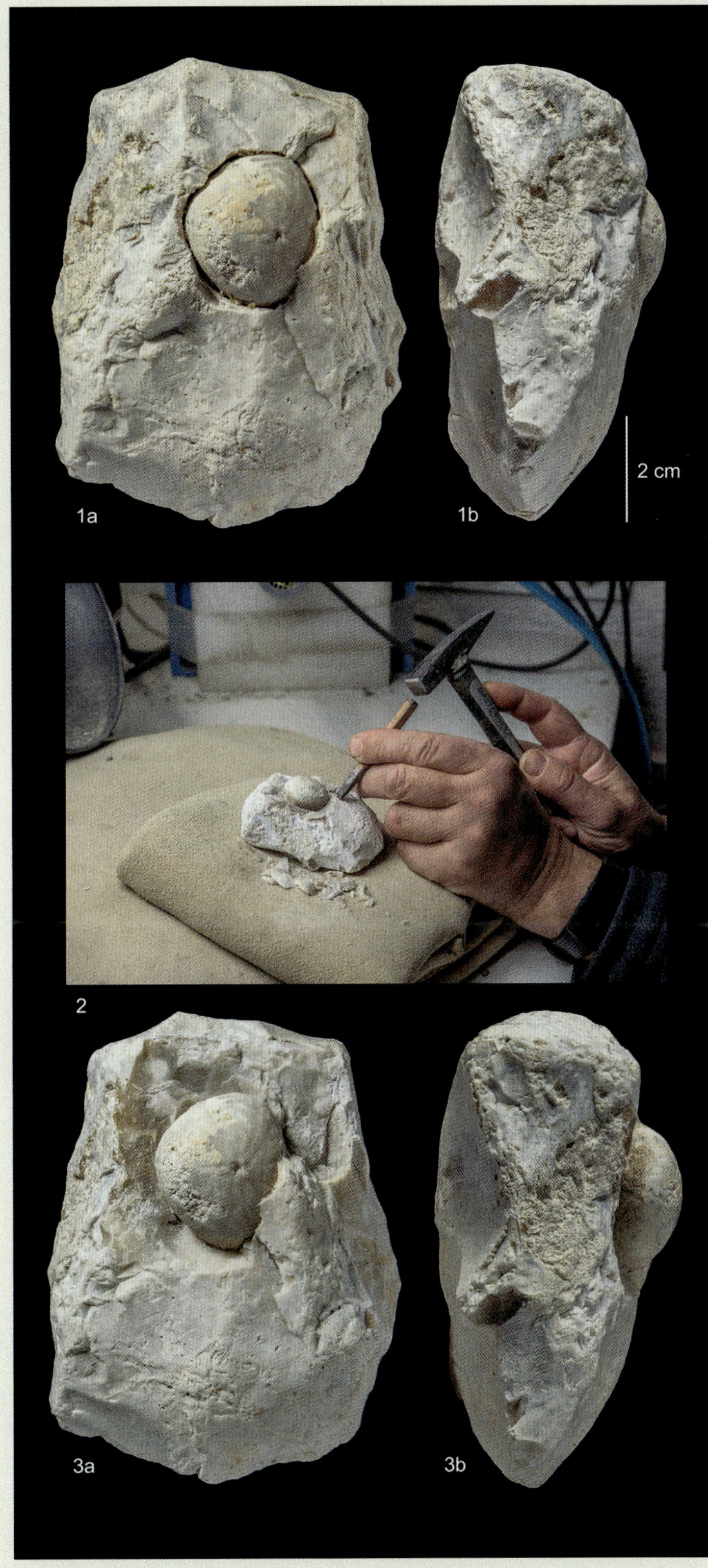

13: Präparation eines seltenen irregulären Seeigels[131], Cyclaster suecicus, aus einem Dan-Geschiebe von der Insel Lille Svelmø, Südende der Insel Fünen, Dänemark. Geowissenschaftliche Sammlung der Universität Bremen, E3928.

Fotogalerie Geschiebefundorte

Geschiebemergel-Kliff südöstlich von Bergmühle bei Wulfen auf der Insel Fehmarn, Ostsee. Foto: Jens Lehmann.

Strand mit reichlich Geschieben NW von Stein, Kieler Bucht, Schleswig-Holstein. Foto: Jens Lehmann.

Langer Kiesstrand in Hohenfelde, Kreis Plön, Schleswig-Holstein. Foto: Jens Lehmann.

Geschiebemergel im Erosionskliff westlich von Boltenhagen, Mecklenburg-Vorpommern. Foto: Almut Lehmann.

Fotogalerie mit weiteren Geschiebefundorten.

Der lange Weg zur Explosion des Lebens – Präkambrium und Kambrium

Als Präkambrium werden die ersten 4 Milliarden Jahre der Erdgeschichte bezeichnet. Die Silbe „prae" bedeutet „vor" und weist darauf hin, dass dieser Zeitabschnitt vor dem des Kambriums liegt. Das Ende des Präkambriums ist durch Vereisungen („Snowball Earth") und neben starken Temperaturschwankungen auch durch Schwankungen im CO_2-Gehalt gekennzeichnet[47,61,137].

Unter diesen schwierigen Bedingungen entstanden die ersten vielzelligen Organismen – das danach folgende Phanerozoikum beginnt mit der „kambrischen" Explosion des Lebens und ist durch eine reiche Entfaltung makroskopischen Lebens gekennzeichnet. Doch schon das späte Präkambrium enthält die ersten makroskopisch sichtbaren Fossilien. Jüngst wurden Angehörige der berühmten Ediacara-Fossilien durch Biomarker-Analysen eindeutig als den Tieren zugehörig identifiziert[14]. Im Geschiebe fehlen Ediacara-Fossilien jedoch vollständig. Die präkambrischen Geschiebe sind stets fossilfrei, wie beispielsweise der aus Schweden stammende Dala-Sandstein (14).

14: Oszillations-Rippeln im präkambrischen Dala-Sandstein. Geschiebe von Strausberg, östlich von Berlin, Brandenburg. Geowissenschaftliche Sammlung der Universität Bremen, SPK17.

15: Ein Skolithensandstein mit besonders schön ausgeprägten Spurenfossilien und einem schönen Farbwechsel, gesammelt auf der Insel Fünen in Dänemark. Geowissenschaftliche Sammlung der Universität Bremen, I105.

Kambrium

Das Kambrium begann vor knapp 539 Millionen Jahren (nach der International Chronostratigraphic Chart 2022[51]) und endete vor 485 Millionen Jahren. Der Begriff leitet sich vom lateinischen Namen für Wales (Cambria) ab. Die „kambrische Explosion", die extrem schnelle Ausbreitung verschiedenster Tiergruppen mit Hartteilen[217], lässt sich auch durch Geschiebefossilien gut belegen. Obwohl es bereits in präkambrischen Sedimenten erste Spurenfossilien gab, so gehören die verbreiteten Skolithensandsteine des frühen Kambriums (Stufe 3) mit zu den ältesten Fossilien dieser Art (15).

Die Skolithensandsteine charakterisieren die „agronomische Revolution", also das Durchwühlen des Sediments ab dem Beginn des Kambriums, denn im Gegensatz zum Präkambrium werden nun die bis dato vorherrschenden Mikrobenmatten am Meeresboden durch tierische Aktivität zerstört und die Spurenfossilien sind nicht länger nur auf die Oberfläche beschränkt, sondern gehen in die Tiefe[50,108,185]. Der Balka-Sandstein auf der Insel Bornholm in Dänemark ist nichts Anderes als die anstehende „Variante" der Skolithensandstein-Geschiebe. Auf Bornholm lässt sich genau beobachten, in welch dynamischem Flachwasser-Umfeld, inklusive Schrägschichtungsblättern, Wellenrippeln und kollabierten Gasblasen, diese Spuren hinterlassen wurden[35] (16). Die *Skolithos*-Fossilien sind dabei – ähnlich wie es die Orientierung von Wattwürmern anzeigt – senkrecht zu den Schichtflächen bzw. der ehemaligen Sedi-

16: Anstehender unterkambrischer Sandstein mit Skolithos-Spurenfossilien am Strand der Insel Bornholm. Die Spurenfossilien sind in den verschiedenen Stockwerken unterschiedlich entwickelt; an der Basis des Anschnitts ist Schrägschichtung erkennbar.

mentoberfläche angeordnet, ihr Erzeuger ist jedoch unbekannt[28]. Neben den einfachen *Skolithos*-Röhren gibt es auch Horizonte, die U-förmige Bauten mit und ohne Spreitenbauen enthalten[35].

Bemerkenswert ist, dass viele andere Sandsteine aus dem Unterkambrium fast spurenfossilfrei sind – obwohl zur Zeit ihrer Ablagerung die „agronomische Revolution“[185,186] bereits in vollem Gange war. Eine Erklärung dafür könnte sein, dass diese überwiegend Flusssedimente bzw. Deltaablagerungen repräsentieren (z. B. der Kalmarsund-Sandstein). In verschiedenen Typen unterkambrischer Sandsteine tritt ein im Vergleich zu *Skolithos* weit rätselhafteres und selteneres Spurenfossil auf. *Syringomorpha nilssoni* ist problematisch in seiner Deutung[166] und besteht aus mehreren, im Idealfall bis zu fast 30 gebogenen Strängen, die wie ein gebogener Fächer aussehen (17, 18).

Kambrische Körperfossilien sind im Geschiebe in der Regel wenig spektakulär. Ein Highlight der Fossilwelt haben kambrische Geschiebe jedoch zu bieten, nämlich sehr seltene Stummelfüßer (Lobopoden), die ein Bindeglied zu den Gliederfüßern (Arthropoden) darstellen (19, 20). Sie stammen aus dem bereits erwähnten Kalmarsund-Sandstein (auch Chiasmasandstein oder Xenusion-Quarzit genannt[151]). Die Stummelfüßer stammen aus dem hohen Unterkambrium und sind der File-Haidar-Formation Schwedens zuzuordnen[132]. Sie wurden bereits im Jahr 1917 vom Berliner Paläontologen Josef Pompeckj als *Xenusion auerswaldae* beschrieben. Bisher wurden nur drei zweifelsfrei identifizierte Exemplare gefunden; eines davon ist verschollen. Weitere Funde[38,39,112] sind nicht eindeutig zuzuordnen[163] und stammen aus unterkambrischen Sandsteinen unklarer Zuordnung, so auch der neueste Fund aus Sellingerbeetse an der deutsch-niederländischen Grenze[154]. Bei letzterem ist nur der Abdruck von sieben geringelten, stummelartigen Beinen erhalten. Bizarrer und seltener als *Archaeopteryx* wird jeder neue potenzielle Fund natürlich gespannt analysiert und so gilt *Xenusion* als die Ikone der Geschiebeforschung und gehört zu den ältesten bekannten Lobopoden. Dies zeigt eindrücklich, dass Geschiebefossilien eine große Bedeutung zukommen kann. Erhalten gebliebennist stets nur der Negativabdruck – eine typische Erhaltungsform in Sandsteinen (19). Die Rekonstruktion vermittelt einen Eindruck, wie das Tier wohl im Leben ausgesehen haben mag (20).

Recht häufige und auffällige kambrische Körperfossilien sind Ansammlungen des bis zu 1 cm langen *Agnostus*. Teilweise bedecken sie ganze Schichtflä-

Am Hafen von Snogebæk an der Südostküste von Bornholm lassen sich im Anstehenden kambrische Spurenfossilien studieren – als Geschiebefossilien sehr häufig auftretend.

17: So begegnet uns das seltene Spurenfossil Syringomorpha aus dem Unterkambrium gewöhnlich. Der schrage Querschnitt zeigt, dass Syringomorpha aus mehreren parallelen Röhren besteht. Ostseeküste bei Hohenfelde nahe Kiel, Schleswig-Holstein. Geowissenschaftliche Sammlung der Universität Bremen, I64.

18: Ein präpariertes Exemplar des Spurenfossils Syringomorpha in unterkambrischem Sandstein aus dem Münsterländer Kiessandzuges lässt erkennen, dass diese Röhren von einem gemeinsamen Ursprung ausgehen, von dem sie sich auffächern – was im Querschnitt aus Hohenfelde nicht erkennbar ist. Sammlung und Foto: H. Akkerman.

chen. *Agnostus* wurde zwar traditionell den Trilobiten zugerechnet, doch werden die verwandtschaftlichen Beziehungen dieser erbsenförmigen Gattung heute eher als „eine halbe Milliarde Jahre altes Rätsel" betrachtet[29]. Die aus dem Oberkambrium stammenden Geschiebe mit *Agnostus* riechen beim Anschlagen. Aus dem Anstehenden weiß man, dass es sich um Tonsteinablagerungen mit karbonatischen Konkretionen handelt. Vor allem Letztere sind aufgrund ihrer Härte meist als Geschiebe überliefert und werden Stinkkalke genannt. Sie sind besonders reich an organischen Restbeständen (Bitumen), woher ihr typischer Geruch resultiert. Der Geschiebesammler kann jedoch neben den erwähnten häufigen Funden auch auf lingulide Brachiopoden, Trilobiten und Hyolithen aus dem Unterkambrium hoffen (21). Hyolithen sind konische oder pyramidenförmige Fossilien mit dreieckigem oder elliptischem Querschnitt mit Deckel, die zwischen 1 mm und 15 cm lang werden. Sie wurden bis vor relativ kurzer Zeit meist den Mollusken oder auch Anneliden (Ringelwürmern) zugerechnet[7]. Inzwischen gilt ihre Zugehörigkeit zu den Lophophoraten als gesichert[125], ein Stamm der jedoch nicht mehr allgemein anerkannt ist. Damit sind sie wohl Verwandte der Brachiopoden und Bryozoen. Mitunter treten im Geschiebe auch großwüchsige Trilobitenreste der Gattung *Paradoxides* auf, die bereits dem Mittelkambrium zuzuordnen sind und nach einem Synonym der Art *P. paradoxissimus*, *P. tessini*, als Tessini-Sandstein bezeichnet werden (22).

19: Das Hallesche Exemplar von Xenusion auerswaldae – gefunden im Jahr 1978 auf der Insel Hiddensee, Mecklenburg-Vorpommern. Es handelt sich um das dritte jemals gefundene Exemplar. Geologisch-Paläontologische Sammlungen der Martin-Luther-Universität Halle-Wittenberg, MLU. GeoS.01. Foto: O. Wings.

Artikel in früheren Ausgaben von FOSSILIEN zum Thema Geschiebefossilien des Kambriums.

20: Lebendrekonstruktion von Xenusion auerswaldae aus dem frühen Kambrium. Die Geschiebefunde gelten als die ältesten weichteilerhaltenen Lobopoden-Fossilien überhaupt.

21: *Orthotheca degeeri*, ein Hyolith, der bereits 1893 beschrieben wurde und in feinkörnigen glaukonitischen Sandsteinen gefunden wird – hier in einem Geschiebe aus der Gegend von Rendsburg in Schleswig-Holstein. Die Heimat dieses Gesteins dürfte nördlich und nordöstlich von Bornholm liegen[180]. Geowissenschaftliche Sammlung der Universität Bremen, S4.

2 cm

22: Trilobitenreste der Gattung *Paradoxides* in einem mittelkambrischen Paradoxissimus-Sandstein aus einer Kiesgrube zwischen Wismar und Rostock, Mecklenburg-Vorpommern. Geowissenschaftliche Sammlung der Universität Bremen, A237 (ex coll. U. Resch).

An der Ostseeküste Mecklenburg-Vorpommerns sind ordovizische Gesteine häufig. Im Vordergrund ein besonders großes Geschiebe mit Algen (Palaeoporellenkalk).

Verschiedene Schwämme als ordovizische Geschiebe, gefunden in Westfalen und den angrenzenden Niederlanden. Sammlung und Foto: H. Akkerman.

Das Leben im Ordovizium – eine Eiszeit als Katalysator?

Das Ordovizium (vor 485 bis 443 Millionen Jahren) ist eine Zeit, die nach einem keltischen Volksstamm, der in Wales beheimatet war, benannt wurde[34]. Es ist durch eine große Entfaltung (Radiationsereignis) der marinen Lebewelt gekennzeichnet, möglicherweise beschleunigt durch die Eiszeit im mittleren Ordovizium[142]. Auf dem Festland entstanden die ersten landlebenden Pflanzen[121].

Für die artenreiche Faunenwelt finden sich reichlich Belege im Geschiebe, nicht jedoch für die anderen wichtigen Ereignisse dieser Zeit, die cadomische Gebirgsbildung und die ordovizische Eiszeit, die nur in der Sahara und den Anden nachweisbar ist.

Bekannt sind die Orthocerenkalke, die mit ihren Varietäten rot und grau stratigraphisch einen großen Teil des Ordoviziums (Floium- bis Darriwillium-Stufen) abdecken.

Vor allem die lang gestreckten Nautiliden sind in den verschiedenen Abarten des Orthocerenkalks vermehrt zu finden und haben dem Gestein seinen Namen gegeben. Mitunter können diese Fossilien im Geschiebe beträchtliche Dimensionen erreichen. Hinzu gesellen sich Brachiopoden, Trilobiten und seltener Crinoiden (23).

In ordovizischen Geschieben kommen die erwähnten gerade gestreckten Nautiliden häufig vor. Die morphologische Vielfalt paläozoischer Nau-

23: Geländefoto des Teils eines Crinoidenstiels aus einem roten Orthocerenkalk, aufgenommen am Strand von Boltenhagen, Mecklenburg-Vorpommern. Die Spitze des Geologenhammers dient als Maßstab.

24: Der Nautilide Ancistroceras, eine Gattung, die auf das Mittlere Ordovizium (Darriwillium) beschränkt ist. Münsterländer Kiessandzug. Sammlung und Foto: H. Akkerman.

25: Ein Nautilide der Gattung Discoceras, dessen Windungen sich nicht berühren. Aus einem Geschiebe des Mittleren Ordoviziums, etwas älter (Volkhov- oder Kundastufe nach der estnischen Gliederung) als der in Abb. 24 gezeigte Ancistroceras. Sammlung und Foto: R. Kautz.

tiliden beschränkt sich jedoch bei weitem nicht auf die gerade gestreckten Gehäuse der Gruppe der Orthoceraten im weiteren Sinn. Es kommen auch viele Arten aufgerollter oder abgerollter Nautiliden vor, die an Schnecken oder Ammonoideen erinnern. Letztere erscheinen aber zuerst im Unterdevon und von Schnecken lassen sich aufgerollte Nautiliden stets durch ihre einfach gebogenen Kammerscheidewände unterscheiden – sofern die Schale fehlt und den Blick auf den Steinkern freigibt. Das *Ancistroceras* zeigt dort, wo zentral auf dem Gehäuse ein Loch klafft, die Septen. Randlich sowie nahe der Mündung ist die Schale mit ihrer feinen Skulptur erhalten (24). Das *Discoceras* zeigt die mit grünlichem Kalkstein verfüllte Wohnkammer in Steinkernerhaltung. Auch diese Gattung ist ornamentiert (25).

Vollständige Trilobiten gehören in ordovizischen Geschieben zu den großen Ausnahmen und sind entsprechend begehrt. Besonders Reste von Trilobiten der Gattungen *Asaphus* und *Illaenus* sind nicht allzu selten; die deutlich selteneren vollständigen Exemplare durch ihre glatten Schalen relativ unproblematisch zu präparieren (26, 27). Präparate wie die hier abgebildeten Stücke bedürfen jedoch präparatorischen Geschicks, zumal das Gestein sehr hart ist. Viele Geschiebetrilobiten sind sehr klein und können leicht übersehen werden (28). Neben Geschiebearten mit Trilobiten kommen auch ordovizische Tonsteine mit Graptolithen als Geschiebe vor, auch wenn die Masse der graptolithenführenden Geschiebe silurischen Alters sein dürfte. Kieselschwämme, also Schwämme, deren Nadeln aus Siliziumdioxid aufgebaut sind, finden sich als isolierte Geschiebefossilien, d.h. ohne anhaftende Matrix. Ästhetisch und gesucht ist vor allem die Gattung *Astylospongia*, die an den Seiten Kanäle zeigt und einen zentralen offenen Hohlraum (Paragaster) aufweist, der von feinen Gruben bedeckt ist. Diese stellen die Austritte der Kanäle aus dem Schwamminneren dar (29). Berühmt sind die verkieselten Schwammfunde aus dem Kaolinsand von Sylt mit ihrer lavendelblauen Farbe[201, 202, 204, 205].

Um ein eher unscheinbares, aber spannendes Geschiebefossil des Ordoviziums kennenzulernen, gilt es, zunächst einen Blick auf das früheste Leben auf unserem Planeten zu werfen. Dessen Alter ist umstritten; möglicherweise sind die ältesten Fossilien in das Paläoarchaikum, vor etwa 3,4 Milliarden Jahren, zu datieren – jedoch entpuppten sich viele dieser sehr frühen mutmaßlichen Fossilien als anorganische Strukturen[26,27,199]. Erst im Pro-

26: Ein hervorragend präparierter Asaphus sp. in einem oberordovizischen Geschiebe aus Mecklenburg-Vorpommern. Sammlung und Fotos: P. Freitag.

27: Illaenus sp. aus einem oberordovizischen Geschiebe des Ludibunduskalks aus der Gegend um Rostock, Mecklenburg-Vorpommern. Bei dieser Gattung sind Cephalon (A) und Pygidium (D) mit Ausnahme der Augen recht ähnlich. Sammlung und Fotos: P. Freitag.

1 cm

28: Ein sehr kleinwüchsiger Trilobit der Gattung Achatella aus einem ordovizischen Geschiebe des Münsterländer Kiessandzugs. Sammlung und Fotos: H. Akkerman.

29: Verschiedene Ansichten eines Kieselschwammes Astylospongia praemorsa aus der ehemaligen Kiesgrube Dr. Müller in Haddorf bei Rheine, Nordrhein-Westfalen – die Fundstelle ist heute ein beliebter Badesee. Solche Funde sind in Norddeutschland jedoch an vielen Fundorten möglich.

terozoikum, vor etwa 2,0 Milliarden Jahren, entstanden dann aus Mikroorganismen erste einzellige Lebewesen mit Zellkern (Eukaryoten). Zu diesen frühen Eukaryoten dürften auch die Grünalgen gezählt haben. Sie spielten als frühe Sauerstoffproduzenten durch ihre Photosynthese-Aktivitäten eine Rolle. Einige von ihnen entwickelten, vielleicht etwa gleichzeitig mit der „kambrischen Explosion", die Fähigkeit kalkige Gerüste zu bilden und wurden somit fossil erhaltungsfähig. Im Ordovizium, vor etwa 485 bis 443 Millionen Jahren, führte dies zu einer Vielfalt kalkiger Algen und die biogene Kalkfällung wurde sogar gesteinsbildend. Die Kalkalgen sind meist um etwa 1 cm im Durchmesser groß. Ein klassisches Beispiel, welches oft als Geschiebe gefunden wird, ist der Backsteinkalk. Er stammt ursprünglich aus dem mittleren und nördlichen Ostseegebiet vor der Küste Mittelschwedens sowie Südwest-Finnlands und heißt dort Coelosphaeridium-Kalk[13,100]. Das Alter dieser Gesteine ist das Darriwilium (frühes Caradocium, ältere Chasmops-Stufe). Der Name Backsteinkalk beruht auf der grauen Farbe; das Gestein ist relativ hart und dicht und partiell verkieselt. Dieses deutet schon die besondere Erhaltung dieser Fossilien an: die Verkieselung, die teilweise bläuliche Farben hervorbrachte, ein Phänomen, was auch als „lavendelblauer Hornstein" bezeichnet wird und auf Spuren von Eisenphosphat (Vivianit) zurückgeht[215]. Die Abbildung zeigt zwei Exemplare im Anschnitt und das typische wabenartige Muster mit den langen Fortsätzen (30).

Zu bedenken ist hierbei, dass das eigentliche Fossil keine erhaltene Substanz widerspiegelt, sondern lediglich die Ausfüllung der Form zwischen Außenhaut und der inneren Füllung mit Kalkschlamm ist. Mutmaßlich bestand die Grünalgensubstanz aus dem leicht löslichen Aragonit, der durch Kieselsäure ersetzt wurde[135]. Beim unteren Exemplar in der Abbildung (30) war vermutlich kein Sediment im Zentrum des Algenkörpers vorhanden, weshalb der vorhandene Hohlraum vollständig verkieselte. Das Exemplar mit erhaltener „Pseudo-Außenhülle" des Pflanzenkörpers (Thallus) (31) zeigt die Wabenstruktur schön herausgewittert, dafür fehlen hier naturgemäß die Fortsätze. Ihren Namen *Coelosphaeridium cyclocrinophilum* erhielten die Fossilien bereits Ende des 19. Jahrhunderts[148]. Erstmals aufmerksam geworden war man auf sie schon Jahrzehnte früher. Es folgten verschiedene Fehldeutungen, ehe man zur heutigen Interpretation als verkalkende Grünalgen, genauer Wirtelagen (Dasycladaceen) kam[135]. Wirtelalgen sind auch heute noch sehr verbreitet und *Halimeda* ist als Kalkbildner wichtig für die Riffbildung in warmen Klimaten. Die abgebildeten Exemplare stammen aus der ehemaligen Sammlung von Heribert Schwandt, der diese Exemplare bereits als „mustergültig" beschrieb[184].

30: Kalkalgen der Gattung Coelosphaeridium in einem Backsteinkalk-Geschiebe aus Zarrentin, Mecklenburg-Vorpommern. Geowissenschaftliche Sammlung der Universität Bremen, P1714 (ex coll. H. Schwandt).

31: Kalkalge Coelosphaeridium, Exemplar mit „Pseudo-Außenhülle" des Thallus. Geowissenschaftliche Sammlung der Universität Bremen, P1715 (ex coll. H. Schwandt).

Artikel in früheren Ausgaben von FOSSILIEN zum Thema Geschiebefossilien des Ordoviziums.

Eine Auswahl an besonders gut erhaltenen und gut präparierten Gastropoden aus dem Geschiebe des Münsterlandes. Sammlung und Foto: H. Akkerman.

Fische und Riffkorallen – tropische Vielfalt im Silurmeer

Nach der erdgeschichtlichen Zeitskala begann das Silur vor 443,1 und endete vor 419,0 Millionen Jahren[113]. Damit währte dieses System, dessen Name vom keltischen Volksstamm der Silurer in Wales abgeleitet wurde, lediglich 24 Millionen Jahre. An diesen nackten Zahlen wäre wenig Bemerkenswertes, wenn nicht alle anderen Systeme des Erdaltertums im Schnitt mehr als doppelt so lang wären.

Was ist also dran am Silur, welche Besonderheiten haben dazu geführt, diesen relativ kurzen Zeitabschnitt als eigenes System abzugrenzen?

In der Entwicklung des Lebens ist die Entstehung der kiefertragenden Fische – und damit natürlich der ersten kiefertragenden Wirbeltiere überhaupt – das wichtigste Ereignis, ebenso der Panzerfische (Placodermen) und am Ende des Silurs sogar der ersten Knochenfische[104]. Auch wenn erst das nachfolgende Devon aufgrund der Diversität als „Zeitalter der Fische“ tituliert wird, so wurden die Weichen dafür im Silur gestellt. In Geschieben finden sich daher durchaus fossile Fischreste aus dem Silur – wenn auch meist nur von mikroskopischer Größe. Deutlich präsenter als die Fische sind jedoch die Hinterlassenschaften der silurischen Riffe. Vor allem die oft massiven Stöcke der tabulaten Korallen, koloniebildende Korallen mit ausgeprägten Querböden, sind häufige Silurgeschiebe (32). Im Anstehenden lassen sich diese Korallenvorkommen des Silurs auf der Insel Gotland besonders gut studieren. Kein Wunder, dass diese Zeit früher sogar als Gotlandium bezeichnet wurde. Die Herkunft der Geschiebefunde beschränkt sich jedoch nicht auf die Insel Gotland, sondern liegt im Gebiet zwischen dieser Insel und dem Nordwesten Estlands[194]. Früher hat nicht zuletzt das Bild der Gotländer Korallenkalke dazu

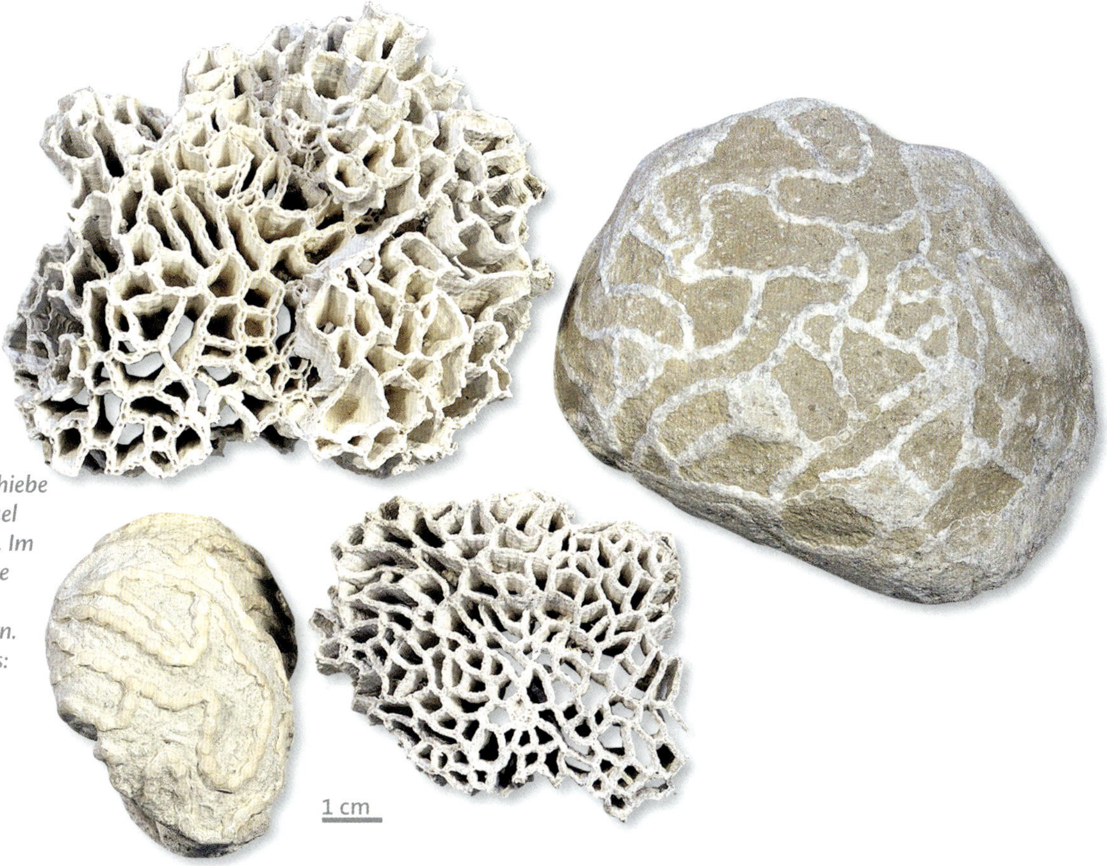

32: Gotländer Korallenkalk – die Herkunft dieser Geschiebe liegt zwischen der Insel Gotland und Estland. Im Bild sind verschiedene Kettenkorallen (Halysitidae) zu sehen. Sammlung und Fotos: H. Akkerman.

beigetragen, dass das Silur als die Zeit eines Treibhausklimas mit geringen Temperaturschwankungen betrachtet wurde. In jüngerer Zeit zeigt sich jedoch, dass möglicherweise rasche Wechsel zwischen humiden und ariden Phasen das Klima in niedrigen Breiten geprägt haben und diese raschen Wechsel auch zu den sich immer deutlicher herauskristallisierenden Diversitätsschwankungen führten[127].

Neben den Geschieben des Gotländer Korallenkalks ist es vor allem der Beyrichienkalk, den man in der Betrachtung von Karbonaten aus dem Erdaltertum nicht außer Acht lassen darf – er ist schlicht das häufigste silurische Gestein, welches als Geschiebe vorkommt[190]. Benannt wurde das Gestein, das in das späte Silur bis frühe Devon zu stellen ist[69], nach den oft massenhaft vorkommenden Muschelkrebsen der Gattung *Nodibeyrichia* (früher *Beyrichia*, 33). Diese sind jedoch stratigraphisch und regional unterschiedlich anzutreffen, so dass der Begriff nicht so scharf definiert ist, wie es auf den ersten Blick scheint[165]. Auch wenn der Färbung von Gesteinen nicht unbedingt eine große Bedeutung zukommen muss, so ist auch das seltene Vorkommen von rötlichen Beyrichienkalk-Varianten ein Hinweis auf Faziesunterschiede. Bevor man etwa Mitte des 19. Jahrhunderts ihre wahre Natur erkannte, stellte man diese Ostrakoden bei Ihrer Entdeckung – gut ein Jahrzehnt früher – zu den Trilobiten. Auch wenn man dieses heute belächeln mag, war der Grundgedanke nicht so falsch, denn schließlich gibt es mit den Agnostiden sehr kleinwüchsige Trilobiten im Erdaltertum, die für Trilobiten untypische Merkmale aufweisen.

Neben *Nodibeyrichia* sind jedoch noch andere Fossilien charakteristisch für den Beyrichienkalk. Selbst bis zur Unkenntlichkeit angeschliffene Gesteinsstücke wie das abgebildete historische Sammlungsstück mit einem Nautiliden lassen sich so zuordnen (34). Unter dem Mikroskop zeigt letzteres neben den Muschelkrebsen häufig Brachiopoden, Tentakuliten und auch Crinoidenstielglieder – wodurch man diesen feinkörnigen grauen Kalk als Beyrichienkalk bezeichnen darf.

Neben Ostrakoden der Gattung *Nodibeyrichia* kommen in diesen Karbonaten auch glattschalige

33: Rechte Klappe eines beyrichiiden Ostracoden aus einem roten Beyrichienkalk: Nodibeyrichia borussica (Kiesow, 1892). Geowissenschaftliche Sammlung der Universität Bremen. Rasterelektronenmikroskopische Aufnahme: P. Witte.

34: Ein teilweise von Menschenhand bearbeitetes Geschiebe mit einer angewitterten natürlichen Oberfläche, die einen Längsschnitt durch den Nautiliden Sactoceras danicum zeigt – besonders auffällig sind die engständigen Septen. Geowissenschaftliche Sammlung der Universität Bremen, C7173.

Ostrakoden vor. Unter den Brachiopoden ist *Protochonetes striatellus* (Dalman, 1828) sehr häufig und typisch. Geschiebe mit reichlich Fossilien dieser Art werden auch Chonetes-Kalk genannt (35). Derart gut erhaltene Exemplare, wie auf der abgebildeten Schichtfläche zu sehen, sind jedoch selten; zum Teil erkennt man die Bestachelung am Hinterrand der ventralen Klappe (=Schloss- oder Stielklappe). Die Bestachelung erinnert an die Stacheln der vor allem im Karbon verbreiteten und auf der gesamten Klappenoberfläche stark bestachelten Productiden, mit denen sie weitläufig verwandt sind – *Protochonetes* wird in dieselbe Ordnung gestellt. Ebenfalls sehr charakteristisch für den Beyrichienkalk sind Bryozoen der Art *Ptilodictya lanceolata* (36). Tangentialschnitte durch ihre Zoarien gehören zu typischen Spaltfunden in Geschieben[5]. Die flächige Erscheinungsform im Gestein sollte nicht darüber hinwegtäuschen, dass diese Art im Querschnitt baumförmig verästelt ist.

Während die Brachiopoden und Bryozoen der Gattung *Ptilodictya* mit etwas Glück auch durch einfaches Aufschlagen der Geschiebe gewonnen werden können, ist bei den im Beyrichienkalk nicht allzu seltenen Trilobitenresten meist eine Präparation vonnöten. Am häufigsten finden sich Cephali und Pygidien von *Calymene*; besonders begehrt sind Reste der selteneren Gattung *Encrinurus*. Ähnliches gilt für die im Beyrichienkalk eher seltenen Nautiliden – hier ist ohne Präparation kaum etwas auszurichten. Mitunter lassen sich jedoch auch natürlich abgeschliffene und danach angewitterte Nautiliden finden (34). Der Nautilide *Sactoceras danicum* ist nicht nur eine Art, dessen Septen besonders engständig sind, auch der Sipho weist mit Obstruktionsringen die „aus konzentrischen Lamellen“[195] bestehen, eine Konstruktionsbesonderheit auf. Natürlich finden sich im Beyrichienkalk auch noch weitere Makrofossilien wie Gastropoden und Muscheln, diese sind jedoch seltener. Neben den Ostrakoden hat der Beyrichienkalk auch mikropaläontologisch viel zu bieten, so zum Beispiel diverse Fischreste, Conodonten und Scolecodonten[210].

Die reiche Faunenassoziation, Prielbildungen und Schalenpflaster weisen darauf hin, dass der Beyrichienkalk eine Flachwasserbildung ist.

Neben den Beyrichienkalken enthalten die silu-

35: Mitunter enthalten Schichtflächen des Beyrichienkalks Ansammlungen von Klappen des Brachiopoden Protochonetes striatellus – diese Kalke werden traditionell auch als Chonetes-Kalk bezeichnet.

36: Tangentialschnitt durch die im Beyrichienkalk sehr häufige Bryozoe Ptilodictya.

rischen Korallen- und Crinoidenkalke eine Fülle interessanter Fossilien. Auch wenn es sich überwiegend um Karbonate des bewegten Flachwassers handelt, sind bei rascher Fossileinbettung erstaunlich artikulierte Funde möglich, wie zum Beispiel von Beutelstrahlern, den Cystoideen (37). Vermutlich handelt es sich um eine Gruppe uneinheitlicher Abstammung, deren Porensystem auf dem „Beutel", von dem die Arme ausgehen, vermutlich der Atmung diente. Zudem kommen in Silurgeschieben, wie in denjenigen des Ordoviziums, nicht allzu selten Nautiliden mit großer morphologischer Vielfalt vor.

Im Gegensatz dazu finden sich aber auch silurische Sedimente des Tiefwassers (pelagial bis hemipelagial genannt), also fernab der Riffe und Flachwasserkarbonate. Diese Fazies besteht aus feingeschichteten Tonsteinen bzw. Schwarzschiefer genannten Sedimenten mit Graptolithen. Manche Schichtflächen dieser Biofazies sind durch enorme Anreicherungen dieser Fossilien gekennzeichnet (38).

37: Ein Vertreter der Cystoideen aus einem mutmaßlich silurischen Geschiebe des Münsterlands. Sammlung und Foto: H. Akkerman.

Artikel in früheren Ausgaben von FOSSILIEN zum Thema Geschiebefossilien des Silurs.

38: Graptolithen sind koloniebildende Tiere. Die fadenartigen Kolonien (Rhabdosome) zeigen hier zu einer Seite offene Wohnröhren (Theken), die in einer lang gestreckten Reihe angeordnet sind – das kennzeichnet diese Fossilien als Vertreter der Monograptiden. Sammlung und Foto: H. Akkerman.

Die große Lücke Devon bis Trias – 220 Millionen Jahre fast ohne Fossilien

Aus den erdgeschichtlichen Systemen Devon bis Trias liegen verglichen mit anderen erdgeschichtlichen Systemen kaum Sedimentärgeschiebe vor. Das ist im Falle des Devons bedauerlich, da diesem als dem Zeitalter der Fische und der ersten Wälder eine große Bedeutung in der Entwicklung der Organismenwelt zukommt. Ähnliches gilt für das Perm und die Trias in Bezug auf das größte Massensterben der Erdgeschichte an der Grenze beider Systeme.

Kontinentale Ablagerungen des Devon bis Trias, hier anstehendes Unterperm in Thüringen, sind ebenso wie marine Sedimente kaum als Geschiebe repräsentiert.

39: Pflanzenfossil eines Siegelbaums (Sigillaria) aus dem Oberkarbon. Ein mutmaßliches Lokalgeschiebe aus der ehemaligen Kiesgrube St. Arnold bei Rheine. Solche Funde waren im Münsterland insgesamt selten und traten beim Kiesabbau nur kurze Zeit in St. Arnold und Neuenkirchen bei Rheine auf. Sammlung und Foto: H. Akkerman.

Auch die grundlegenden Umwälzungen in der Kontinentkonfiguration dieser Zeitintervalle können somit wenig durch Geschiebe belegt werden: vom überwiegend ariden Klima des Old Red-Kontinents des Devons über die Bildung des Großkontinents Pangäa ab dem späten Oberkarbon bis zu dessen Auseinanderbrechen in der Trias und der Bildung neuer mariner Lebensräume. Zumindest einige Ferngeschiebe aus dem unteren und mittleren Devon enthalten Pflanzen- und Fischreste und repräsentieren die klastische Sedimentation des Old Red-Kontinents. Aus dem Oberdevon gibt es Karbonate mit marinen Organismen im Geschiebe. Das Karbon – heute international in Mississippium und Pennsylvanium gegliedert – lieferte fast nur lokale Sedimentärgeschiebe, so Tonsteine, Kohlen und Sandsteine vom Schafberg-Sattel am nordwestlichen Rand des Teutoburger Walds[169] (39) – marine Fossilien sind die Ausnahme[200]. Hinzu kommen die landläufig als „südliche Geschiebe" bezeichneten Funde. Darunter versteht man aus dem Rheinischen Schiefergebirge stammende Gesteine und Fossilien, die vermutlich im Paläogen/Neogen durch nach Norden entwässernde Flüsse verfrachtet wurden, dann zum Teil vom Eis aufgenommen und erneut verfrachtet wurden (40). Über diese Funde auf dritter Lagerstätte wurde, trotz ihrer Seltenheit, bereits seit dem mittleren 19. Jahrhundert berichtet[3,18,62,67,68,70,147,209]. In erster Linie handelt es sich hierbei um verkieselte Ammonoideen aus der Crenistria-Bank, einem reichhaltigen Goniatiten-Horizont des Viseums im Mississippium (mittleres Unterkarbon).

Das Perm ist durch keinerlei Sedimentärgeschiebe repräsentiert.

Aus dem Trias-System liegen aus dem norddeutschen Vereisungsgebiet in erster Linie Lokalgeschiebe vor. Solche mit Herkunft aus dem Osnabrücker Bergland sind Einzelfunde[81]. In der Gegend um Berlin finden sich lokal eiszeitlich verfrachtete Gesteine mit Fossilien, die auf die Salzstockstruktur rund um Rüdersdorf zurückzuführen sind[172,173]. Eine interessante Erforschungsgeschichte haben Geschiebefunde des Farns *Clathropteris* aus Geschieben der Höör-Sandstein Formation mutmaßlich aus der Obertrias (Rhätium) oder dem untersten Jura Südschwedens. Aus den Niederlanden und Deutschland stammende Stücke wurden ursprünglich als das wedelartige Ediacara-Fossil *Charnia* fehlinterpretiert – was angesichts der Geschiebenatur und der Ähnlichkeit nicht verwunderlich ist[126,145].

Artikel in früheren Ausgaben von FOSSILIEN zum Thema Geschiebefossilien des Devons bis zur Trias.

40: Der Goniatit Glyphioceras sphaericus (Martin, 1809) aus dem Unterkarbon. Ein seltener Fund im norddeutschen Geschiebe, entdeckt im Weserkies von Hoya in Niedersachsen; abgebildet ist das Original zu Kruckow (1964)[68]. Geowissenschaftliche Sammlung der Universität Bremen, C173.

Ammonitenansammlung (Oistoceras) aus einem Jurageschiebe. Sammlung und Foto: H. Akkerman.

Perlmutt-Ammoniten und Saurier – der Jura

Der geologische Begriff der Jurazeit leitet sich von Gesteinen im Juragebirge in Frankreich und der Schweiz ab. Diese Zeit war vom weiteren Zerbrechen des Urkontinents Pangäa geprägt. In der Folge dehnten sich Schelfmeere aus und es herrschte ein monsunales Klima – welches aber zu den Polen hin durchaus einen Gradienten aufwies[41,136,141]. Sowohl für den Jura als auch für die nachfolgende Kreide ist eine Vergletscherung der Pole umstritten.

Ausdruck der klimatischen Gegensätze sind paläobiogeographische Provinzen, zum Beispiel der Ammonitenfaunen des Jura. Jurassische Ammoniten sind daher vielgestaltig und gehören zu den bevorzugten Sammelobjekten. Dieses gilt auch für das Sammeln im Geschiebe, jedoch sind die Fundmöglichkeiten inzwischen stark eingeschränkt. Aufgrund der vor vielen Jahrzehnten gesammelten Geschiebeammoniten wurde der Begriff der „Ahrensburger Geschiebesippe" (ein problematischer Begriff, siehe Herkunft und Verbreitung von Geschiebetypen) international als eine außergewöhnliche Fossillagerstätte sehr gut erhaltener Ammoniten aus dem Unteren Jura berühmt. Diese

Anstehende Juraablagerungen in der Kimmeridge Bay Südenglands. Prächtig erhaltene Ammoniten und Saurier des Jura kommen auch im Geschiebe vor.

41: Eine Ahrensburger Liaskugel mit einem Ammoniten der Art Eleganticeras elegantulum von 11 cm Durchmesser aus dem Forst Hagen bei Ahrensburg, Schleswig-Holstein. Sammlung und Foto: H.-J. Lierl.

42: Zu einer erstmals aus dem Geschiebe und erst später aus dem Anstehenden beschriebenen Ammonitenart gehören die berippten Ammoniten in dieser Konkretion: Dactylioceras (Orthodactylites) ernsti. Das größte Exemplar hat einen Duchmesser von 45 mm, links im Bild ein Eleganticeras. Sammlung und Foto: H.-J. Lierl.

43: Ein Plesiosaurierwirbel aus einer Ahrensburger Liaskugel, bestimmt als zur Familie der Microcleididae zugehörig, gen. et sp. indet. Sammlung des Centrums für Naturkunde (CeNak), Universität Hamburg. Fotos: H.-J. Lierl.

Bekanntheit begann vor allem mit einer Arbeit von Ulrich Lehmann in den 1960er Jahren[93], der einen gut begründeten Dimorphismus bei der Ammonitengattung *Eleganticeras* aus dem Toarcium erkannte. Das hier abgebildete Stück zeigt einen Makroconch, also mutmaßlich ein weibliches Tier, in der typischen Erhaltung der Ammonitengehäuse als kreidig weiße Schalen (**41**). Noch bedeutsamer war dann in der Folge der Fund von Kieferapparat und Radula dieser Gattung[94]; ein angeblicher Tintenbeutel stellte sich später jedoch als Fehlinterpretation heraus[95,98]. Selbst neue Ammonitenarten wurden in diesen Konkretionen des Toarciums entdeckt, zu nennen ist *Dactylioceras* (*Orthodactylites*) *ernsti*[96], eine Art, die auch heute noch als gültig angesehen wird[107] (**42**).

Diese Entdeckungen machten vor allem die Vorkommen von Jurafossilien rund um Ahrensburg berühmt und auch in jüngerer Zeit erschienen wichtige paläontologische Arbeiten mit Material aus diesem Bereich[6,22]. Selbst Wirbeltierfossilien wurden im Geschiebe gefunden, darunter gut erhaltene Fischreste wie die des Ganoidschuppers *Lepidotes* und sogar marine Reptilien wie Plesiosaurier (**43**) [49,101]. Jahrzehntelang waren sie in der Literatur nur randlich erwähnt, doch kürzlich erfuhren sie eine Bearbeitung und so ist nun auch für den baltischen Raum eine kleine Plesiosaurier-Fauna bekannt, die ein nicht unwichtiges Puzzlestück in der geographischen Verbreitung dieser generell seltenen Gruppe mariner Reptilien darstellt[157].

Die einst sehr reichen Fundmöglichkeiten für Fossilien aus dem Toarcium um Ahrensburg führte zum Namen „Ahrensburger Liasknollen“[97]. Heute sind zumindest noch vereinzelte Funde am Ostseestrand möglich, zum Beispiel bei Heiligenhafen[44].

Geschiebe des Juras sind jedoch nicht nur in der Hamburger Gegend weit verbreitet. Aus dem Unteren Jura oder dem Mittleren Jura von Mecklenburg-Vorpommern stammt der Fund eines Steinkerns

Im Jura waren Sedimente des sauerstoffarmen Milieus sehr verbreitet – und ermöglichten oft erst eine prächtige Erhaltung von Fossilien. Foto: G. Schweigert.

44: Hai-Eikapsel Palaeoxyris muensteri aus Klocksin bei Krakow am See, Mecklenburg-Vorpommern. Die aktuelle Alterseinstufung des kapseltragenden Geschiebes variiert zwischen Unterem und Mittlerem Jura.
Sammlung: K. und N. Thiede, Foto: K. Thiede.

der spindeförmigen Hai-Eikapsel *Palaeoxyris* (44). Dieser erstaunliche Fund von 82 mm Länge ist die erste vollständige Hai-Eikapsel in dreidimensionaler Erhaltung überhaupt und der erste Geschiebefund dieser Art Fossilien.

Wissenschaftlich nicht beachtet, aber ästhetisch ebenbürtig, sind die Jurafossilien aus dem Münsterländer Kiessandzug im nördlichen Nordrhein-Westfalen an der Grenze zu Niedersachsen. Dieser war über viele Jahrzehnte ein Eldorado für Geschiebesammler – besonders auch wegen der jurassischen Ammoniten. Heute sind die Fundmöglichkeiten sehr begrenzt. Gebildet wurde er in der Saale-Eiszeit. Ein im oder unter dem Eis befindlicher Schmelzwasserfluss hat sich hier kolkartig bis über 42 m tief in den Untergrund eingeschnitten. Sein nördlicher Anfang liegt nahe Schüttorf in Niedersachsen, dann verläuft er in südöstliche Richtung durch Nordrhein-Westfalen an Emsdetten vorbei durch das Stadtgebiet von Münster, um dann Richtung Osten bei Ennigerloh zu enden. Seine spezielle Genese, mit einer Eisdrift um den Nordrand des Teutoburger Waldes und das beschriebene Einkolken in den Untergrund, führte zu einem besonders reichen Spektrum lokaler Geschiebe. Einige dieser Gesteinstypen wurden vermutlich nicht einmal von Eis verfrachtet, sondern von Schmelzwasser und wären somit per Definition gar keine „echten" Geschiebe. Ob die Juraammoniten aus Kolken vom Nordende des Kiessandzuges stammen oder lokale Geschiebe darstellen, ist unbekannt. Weit war der Transportweg zumindest nicht. Neben Ammoniten kommen unter anderem auch Muscheln, Gastropoden und Krebse vor. Die Masse der jurassischen Ammoniten ist dem unteren Pliensbachium zuzurechnen. Ammoniten der Gattungen *Androgynoceras* und *Oistoceras* aus der Familie der Liparoceratidae sind am häufigsten (45, 46)[3,80,158-161]. Auch das Zonenleitfossil *Prodactylioceras davoei* wurde hier gefunden (47). Etwas seltener sind Amaltheen des höheren Pliensbachiums. Die prachtvollen Funde stammen dabei alle aus karbonatischen Konkretionen, sind dreidimensional erhalten und liegen in Schalenerhaltung vor. Die Matrix dieser Konkretionen sind schwärzliche Tonsteine – sie beherrschen manche Geschiebeassoziationen, welche dann natürlich auch die meisten ammonitenführenden Konkretionen enthalten.

Neben den Jurageschieben aus Ahrensburg und der weiteren Umgebung sowie denen des Münsterlands gibt es aber auch noch Ferngeschiebe aus dem Mittleren Jura (Callovium), die prachtvolle Fossilien liefern. Diese sogenannten Kelloway-Geschiebe kommen verbreitet in Norddeutschland und Nordpolen vor und können lokal sogar angehäuft sein. Bei Popilani in Litauen sind diese Gesteine als Schollen im Tagebau erschlossen[65]. Die in ihnen enthaltenen Ammoniten liegen teilweise in wunderschöner Perlmutterhaltung vor, aber mehr noch als durch die Ammoniten sind diese Geschiebe aufgrund ihrer reichen Muschelfauna interessant (48)[64].

Artikel in früheren Ausgaben von FOSSILIEN zum Thema Geschiebefossilien des Juras.

45: Ansammlung von Pliensbachium-Ammoniten der Gattungen Androgynoceras und Oistoceras aus dem Münsterländer Kiessandzug. Sammlung und Foto: H. Akkerman.

46: Ammonit der Gattung Oistoceras, die Wohnkammer ist von den Innenwindungen abgebrochen, beide Teile wurden aber in unmittelbarer Nähe zueinander eingebettet. Man beachte die andersartige Skulptur auf der Wohnkammer – dieser Wechsel während der Ontogenie ist typisch für die Ammonitenfamilie der Liparoceratidae. Sammlung und Foto: H. Akkerman.

47: Prodactylioceras davoei ist ein Zonenfossil des unteren Pliensbachiums. Münsterländer Kiessandzug. Sammlung und Foto: H. Akkerman

48: Ein Geschiebe des Kelloway-Typs mit einem Ammoniten der Gattung Kosmoceras sowie weiteren Molluskenschalen. Im oberen Bildbereich sind die Kammern eines Nautiliden erkennbar. Insel Rügen, Mecklenburg-Vorpommern. Sammlung und Foto: R. Kautz.

Der Ammonit Deshayesites fissicostatus ist als Geschiebefund sehr selten; frühe Kreide (Aptium) Westfalens. Durchmesser 7,5 cm. Sammlung und Foto: H. Akkerman.

Meeresspiegel und Klima extrem – die Kreidezeit

Kreidezeitliche Sedimente sind teilweise aus kreidig-karbonatischen Komponenten aufgebaut, was dem gesamten erdgeschichtlichen Abschnitt diesen Namen einbrachte. Die Kreidezeit brachte einige der größten Tiere hervor, die je auf unserem Planeten lebten, zum Beispiel bei den Dinosauriern[110] und Ammoniten[83]. Auch die Umweltverhältnisse in der Kreide waren extrem.

In einem ausgesprochenen Treibhausklima – mit einem Temperaturoptimum an der Cenomanium/Turonium-Grenze vor knapp 94 Millionen Jahren[48] erreichte zur selben Zeit der globale Meeresspiegel einen Höchststand in der belebten Erdgeschichte[118]. Das System der Kreide ist daher hochaktuell, denn aus Sicht des heutigen Klimawandels betrachten viele Wissenschaftler die Geschichte des Klimas und des Meeresspiegels in der Kreidezeit als Blaupause für Vergleiche mit zukünftigen Szenarien. Bis zu einem bestimmten Punkt kann uns die Kreide helfen, die Erde unter verschiedenen klimatischen Bedingungen zu betrachten und die Ursachen und Folgen von Klima- und Meeresspiegelveränderungen abzuschätzen[42,43]. Die Kreide gilt also als Modellfall für Klimaextreme und das hat sich in den letzten Jahren sogar noch verstärkt, seit sedimentologische Hinweise auf frühkreidezeitliche Glazialablagerungen auf der Südhalbkugel die Existenz von Polvereisungen deutlich wahrscheinlicher machten[4]. Polvereisungen dürfen als plausibelster Motor für hochfrequente Meeressspiegelschwankungen dienen, von denen es in der Kreide reichlich gab[40,119,120].

Doch wie spiegelt sich die bewegte Klimageschichte in den Geschieben wider? Der höchste durchschnittliche Meeresspiegelstand in der Kreide wird erst kurz nach der Wende von der Unter- zur Oberkreide erreicht. In der frühen Kreide waren weite Bereiche Norddeutschlands, aber auch des angrenzenden Skandinaviens, Erosionsgebiete oder es wurden festländische Sedimente abgelagert. Wir nennen diese Landablagerungen die Wealden-Fazies; sie kann innerhalb der Zeitabfolge der frühen Unterkreidezeit lokal sehr unterschiedliches Alter haben. Die Aufschlüsse im Niedersächsischen Becken gehören der tiefsten Unterkreidestufe, dem Berriasium an. Berühmt sind die Saurierspuren von Münchehagen oder Obernkirchen im Weserbergland[82]. In Niedersachsen und Nordrhein-Westfalen treten Lokalgeschiebe von Lagunensedimenten des Brackwassers mit massenhaft monotypischen, also im Wesentlichen nur aus einer Art bestehenden, Muscheln und Schnecken auf. Gelegentlich enthalten diese Gesteine auch Wirbeltierreste (49). Während diese Lokalgeschiebe mit Molluskenansammlungen in dieser Region in kalkiger Fazies vorliegen, finden sie sich weiter östlich in sandiger Ausprägung – erstmals aus Berlin schon im Jahr 1850 beschrieben[12,49]. Schwieriger kann die Zuordnung von kreidezeitlichen Sandstein-Geschieben mit Landpflanzen sein. Handelt es sich um Einzelfunde und fehlen weitere begleitende Fossilien, ist oftmals keine genauere Datierung möglich. Aus Mecklenburg-Vorpommern kennen wir Sandsteine beispielsweise mit Schachtelhalmresten, höchstwahrscheinlich aus der frühen Kreide, mutmaßlich vom Grund der Ostsee und somit aus dem Ablagerungsraum des Dänisch-Polnischen Becken stammend (50). Oft wurden ähnliche Geschiebe früher alle dem Holma-Sandstein zugerechnet[180]. Dieser Sandstein aus Südschweden ist jedoch spätkreidezeitlich und wohl ein Faziesäquivalent des Ryedal-Sandsteins[111]. Vermutlich verbergen sich unter der Bezeichnung Holma-Sandstein in den Sammlungen daher auch Wealden-Geschiebe. Der hier abgebildete mutmaßliche Farn der Gattung *Microphyllopteris* oder *Didymosorus* scheint jedoch tatsächlich spätkreidezeitlich zu sein und stammt somit aus dem Holma-Sandstein (51).

49: Flossenstachel eines hybodontiden Hais, Polyacrodus brevicostatus, in einem Lagunensediment der Wealden-Fazies (Muschellumachelle, früheste Kreide, Berriasium, Lokalgeschiebe aus dem Münsterland). Sammlung und Foto: H. Akkerman.

50: Wahrscheinlich Abdrücke von Schachtelhalmen in einem Sandstein, mutmaßlich Wealden-Fazies der frühen Kreide, Wolgast-Hohendorf, Mecklenburg-Vorpommern. Geowissenschaftliche Sammlung der Universität Bremen, P1716.

51: Pflanzenfossilien, mutmaßlich ein Farn, aus dem spätkreidezeitlichen Holma-Sandstein, Geschiebe aus Lüttow bei Zarrentin. Sammlung: K. und N. Thiede, Foto: K. Thiede.

2 cm

52: Vollständig beschaltes Exemplar von Platylenticeras aus dem Valanginium – dieses Exemplar ist ein Lokalgeschiebe aus dem Münsterländer Kiessandzug.

Ab dem Valanginium ist die marine Kreide durch Geschiebe vertreten. Besonders typisch sind die oxyconen Gehäuse des glattschaligen Ammoniten *Platylenticeras* (52). Diese Gattung charakterisiert das untere Valanginium, während die heteromorphe Gattung *Bochianites* auf den oberen Teil dieser Stufe hinweist (53).

Auch die Kreidestufen Hauterivium und Barremium sind gelegentlich als Geschiebe zu finden. Die Geschichte der extremen relativen Meeresspiegelschwankungen in der Kreide beginnt jedoch erst knapp 14 Millionen Jahre später mit dem höheren Aptium. Gegen Ende der frühen Kreidezeit beginnt eine ganze Serie von Meeresspiegelvorstößen, die an der Cenomanium-Turonium-Grenze ihren Höhepunkt finden[40]. In vielen Fällen sind die Sedimente dieses Großzyklus von Meeresspiegelvorstößen durch das grüne Eisenmineral Glaukonit charakterisiert, wie im Münsterland und in Sachsen zu sehen. Der Glaukonit wurde dabei am Fundort gebildet und zeigt zuverlässig niedrige Sedimentationsraten an[8]. Sandsteingeschiebe des höheren Aptiums und des Aptium/Albium-Grenzbereichs bestehen größtenteils aus dem Mineral Glaukonit und enthalten mitunter Phosphatkonkretionen. Auch letztere weisen auf niedrige Sedimentationsraten hin[16]. Damit repräsentiert dieser Geschiebetypus das Ansteigen des Meeresspiegels und somit als Teil des kreidezeitlichen Maximums ein ganz bedeutendes Ereignis in der Erdgeschichte. Auch wenn man hier von einem Geschiebetypus spricht, unterscheiden sich die Geschiebe regional und stratigraphisch in ihrer Herkunft. Die im Raum Hamburg vorkommenden Geschiebe dieser Fazies stammen aus einem weiten stratigraphischen Bereich vom frühen Aptium bis ins frühe Albium[84]. Das zweite, wesentlich bedeutendere Fundgebiet für glaukonitische Sandsteingeschiebe der frühen Kreide liegt um Wolgast-Hohendorf in Mecklenburg-Vorpommern. Rund um Hohendorf sind sie besonders häufig, aber dieser Typus ist generell in diesem Bundesland weit verbreitet (54)[89,91]. Das Alter dieser Geschiebefauna überlappt mit dem aus der Umgebung von Hamburg, da auch sie dem frühen Albium zuzuordnen ist und möglicherweise bis in das allerspäteste Aptium reicht[84]. Die Hohendorfer Fauna enthält jedoch Arten, die anzeigen, dass sogar ein großer Teil des frühen Albium abgedeckt wird, was für die Geschiebe im Raum Hamburg nicht gilt. Tatsächlich sind die Funde aus dem Aptium jenseits der Aptium/Albium-Grenze der Hamburger Gegend in einer Feinsandstein- oder Siltsteinmatrix

1 cm

53: Anreicherung des langgestreckten Ammoniten Bochianites aus einem Geschiebe des oberen Valanginiums, Münsterland. Sammlung und Foto: H. Akkerman.

55: Ammoniten und Ammonitenkiefer aus Unterkreide-Geschieben von Mecklenburg-Vorpommern. 1: Hypacanthoplites elegans mit partiell erhaltener Schale mit irisierender Farbgebung auf der Wohnkammer. 2: Proleymeriella ? sp. mit Hohlraumerhaltung des Phragmokons und ausschließlicher Verfüllung der Wohnkammer. 3: Ammonitenkiefer. Geowissenschaftliche Sammlung der Universität Bremen, 1: C5566, 2: C7752, 3: C3995.

1

meist völlig ohne Glaukonitanteil eingebettet – ein Typus, der in Hohendorf fehlt. Als Zeitmarker dienen Ammoniten – sogar eine neue Art war darunter (55).

Wenn man die Paläobiogeographie der Ammoniten betrachtet, ergeben sich noch weitere erstaunliche Erkenntnisse. Die Fazies und Fossilien der Geschiebe aus der Fundregion Hamburg deutet auf eine Herkunft nördlich der Oder, südlich der Insel Bornholm oder sogar südlich dieses Gebiets. Die Faunen des Albiums von Bornholm sind deutlich unterschiedlich im Vergleich zu denen des Hamburger Raumes und so ist für sie eher eine Herkunft aus einem von dieser Insel entfernteren Bereich anzunehmen. Die Hohendorfer Ammonitenfauna stimmt mit der von Bornholm insofern überein, als beide deutliche arktische Einflüsse zeigen. Vermutlich stammen die Geschiebe aus Mecklenburg-Vorpommern aus dem Untergrund der unmittelbaren Nachbarschaft

2

3

54: Sanderablagerungen nahe Hohendorf bei Wolgast, Mecklenburg-Vorpommern. Die Geschiebeführung ist in solchen Abfolgen gering; in den Abbaubetrieben dieser Region waren in den 1970er Jahren jedoch auch Rinnenfüllungen innerhalb der Sander anzutreffen, die reichlich Gesteine und somit auch Fossilien erbrachten.

der Fundregion. Auch aus Bohrungen sind ähnliche Lithologien wie die der Geschiebe bekannt[89]. Die große Besonderheit der Unterkreideammoniten speziell der Hohendorfer Region ist ihre Erhaltung. Oftmals liegen sie als Hohlformen vor, die einen sonst verborgen bleibenden Blick auf die Konstruktion der Septen und des Siphos erlauben (56, 57). Auch sind teilweise irisierende, bunt-schillernde Perlmuttfarben erhalten (55).

Neben Ammoniten enthält der Hohendorfer Unterkreidegeschiebe-Typ sehr häufig fossile Treibhölzer und das Spurenfossil *Lepidenteron* – mit Fischschuppen ausgekleidete Gänge von Anneliden, Fischen oder vielleicht auch Crustaceen[56]. Anderen Fossilien sind eher selten. Darunter sind schlecht erhaltene Schwammreste noch am häufigsten, Muscheln, Gastropoden, Balaniden, Fischreste kommen gelegentlich vor. Nautiliden, Brachiopoden, Crustaceen (58), Reptilknochen und Stielglieder (Columnalia) von Crinoiden sind sehr selten.

In der späten Kreidezeit, stratigraphisch Oberkreide genannt, dehnte sich der Nordatlantik rasch aus. Durch den lang andauernden, mehrphasigen Meeresspiegelanstieg bildeten sich riesige Epikontinentalmeere, die von Europa bis in große Teile Asiens reichten. Im Campanium waren nur noch Norwegen und Schweden und Teile des heutigen Schottlands und Wales nicht vom Meer bedeckt[31]. Das Sediment bestand verbreitet aus Kalksteinen und besonders Schreibkreide, die zu großen Anteilen aus den kalkigen Resten planktischer Algen (Coccolithophoriden) besteht. Mitunter finden sich große Schollen aus Schreibkreide im Geschiebemergel eingeschlossen. Wie ist das vorstellbar, denn die Schreibkreide ist doch weich!? Hier muss man sich stets vor Augen führen, dass während der Vergletscherung der Boden gefroren war und selbst die Schreibkreide damit hart. Doch zurück zum kreidezeitlichen Klima. Das sprichwörtliche Treibhausklima der Kreide stellte sich in der späten Kreide ein und die Ursache für die hohen globalen Temperaturen war möglicherweise ein Kohlendioxidgehalt vom Vierfachen des heutigen Werts. Ausgeprägter untermeerischer Vulkanismus im Pazifik brachte das Gas in die Atmosphäre. Die anhaltende Meeresbodenspreizung verdrängte zudem viel Meerwasser und so stieg der Meeresspiegel an. Es war trocken – und selbst das lässt sich indirekt an Geschieben

Grünsande der Oberkreide auf Bornholm – Geschiebefossilien dieses Gesteinstyps aus der Region rund um diese dänische Insel finden sich im südlichen Ostseeraum verbreitet.

56: *Ammonit Leymeriella* cf. *acuticostata*, *nahezu perfekt median aufgespalten und so die Septen und den Sipho zeigend. Geschiebe von Wolgast-Hohendorf, unteres Albium. Geowissenschaftliche Sammlung der Universität Bremen, C7689.*

57: Ammonitenhohlformen in diversen Schnittlagen. Geschiebe von Wolgast-Hohendorf, unteres Albium. Geowissenschaftliche Sammlung der Universität Bremen, C7695.

58: Scheren eines Hummers aus einem Grünsandsteingeschiebe des klassischen Geschiebefundortes Schulauer Ufer bei Hamburg[36,174-176,178,179]. Geologische Sammlung des Institutes für Geographie und Geologie der Ernst-Moritz-Arndt-Universität Greifswald.

59: Der Seeigel Galerites vulgaris gehört zu den häufigsten Fossilien spätkreidezeitlicher Geschiebe.

ablesen. Ab dem späten Cenomanium wurde der Tongehalt im Sediment geringer – ein Hinweis, dass die Verwitterung der Böden im Hinterland durch geringere Niederschläge stark abnahm und somit kein Ton ins Meer gespült wurde. Die Schreibkreide wurde also unter einem trockenen Klima gebildet und zudem meist unter einem relativ hohen, ansteigenden Meeresspiegel.

Die beliebtesten Geschiebefossilien – die Seeigel in Feuersteinerhaltung – sind in dieses Szenario einzuordnen. Man findet sie auf Schritt und Tritt. Besonders verbreitet sind die Gattungen *Galerites* und *Echinocorys* (59). *Echinocorys* wurde in Dänemark sogar ein „Denkmal" errichtet (60). Sie sind auch bereits unseren Vorfahren aufgefallen und finden sich daher auch an vielen urgeschichtlichen Fundstätten, z. T. als Grabbeigaben. Mitunter dürfte ihnen auch übersinnliche Kräfte zugesprochen worden sein[86,196]. Doch was haben Feuersteine mit der Schreibkreide zu tun? Für die Beantwortung dieser Frage muss kurz auf die Bildung des Feuersteins eingegangen werden. Sie erfolgte während der Gesteinsbildung (Diagenese) nach erfolgter Sedimentation der Schreibkreide. Die komplexe Entstehung von Feuerstein ist ein langer chemischer Prozess. Die Kieselsäure (SiO_2) des Feuersteins stammt von zerfallenen Kieselschwämmen und winzigen Algen mit kieseligem Skelett (Diatomeen). Diese Skelette werden nach der Einbettung im Sediment in basischem Milieu aufgelöst. Danach erfolgt eine

60: „Denkmal" für das wohl beliebteste oberkreidezeitliche Geschiebefossil: den Steinkern eines Echinocorys – präsentiert im Zentrum eines Kreisverkehrs in der Region Midtjylland, Dänemark.

61: Regulärer Seeigel Trochalosoma taeniatum aus einem Lokalgeschiebe von der Insel Hiddensee, Mecklenburg-Vorpommern. Mutmaßlich aus dem Untermaastrichtium wie die Vorkommen der benachbarten Insel Rügen, auch wenn die Art bis in das Obermaastrichtium reicht. Die Stachelwarzen sind durch den Geschiebetransport nur leicht poliert worden. Geowissenschaftliche Sammlung der Universität Bremen, E3927.

Ausfällung in verschiedenen Tiefen und in unterschiedlichen Formen. Die Bildung des Feuersteins muss tief unter dem Meeresboden stattgefunden haben, möglicherweise 100 Meter oder mehr. Feuersteinbildung findet vor allem in Schichten statt, die reich an Fossilien und Hohlräumen sind und die während geringerer Sedimentationsraten und vielleicht auch unter niedrigeren Temperaturen abgelagert wurden[88,122].

Feuerstein-Seeigel kommen fast ausschließlich als Steinkerne vor. Durch die Natur des Feuersteins bleiben die Schalen der Seeigel meist im Negativ zurück oder werden durch den glazialen Transport abgeschliffen. Die typischerweise weißlichen Ambulakralfelder machen den Reiz dieser Feuersteinseeigel als Sammelobjekte aus, wobei es sich ja „nur" um die Ausfüllung der Seeigelgehäuse handelt, also um einen Steinkern. Selten, am ehesten bei Lokalgeschieben, können jedoch auch die Schalen erhalten bleiben. Ein solcher Fall ist der hier abgebildete, in Feuersteinerhaltung, aber mit Original-Schale vorliegende reguläre Seeigel *Trochalosoma taeniatum* (61).

Ein interessantes diagenetisches Phänomen, welches sich bei Seeigeln beobachten lässt, die in Feuerstein erhalten sind, wird als Wabenseeigel, verkürzt auch Wabenigel, bezeichnet[52,57,58,156]. Während der Einbettung wird die Corona (Gehäuse) eines Seeigels oft nur unvollständig mit Sediment verfüllt, da dieses in unbeschädigtem Zustand nur durch After- und Mundöffnung geschehen kann. In der Folge bleibt im oberen Teil ein Hohlraum zurück und eine erste Generation von Kieselsäure bildet im unteren Teil eine Feuersteinfüllung. Durch Sammelkristallisation breiten sich kalkige Auswüchse der einzelnen Skelettplatten des Seeigels nach innen aus. Eine zweite Generation von Kieselsäure füllt nun den verbliebenen Hohlraum der Corona aus. Oftmals bleiben dabei auch noch kleinere Bereiche unausgefüllt. Wird nun die Corona-Schale beschädigt und aufgebrochen oder der weichere Kalzit der Corona wird aufgelöst, zeigt die Kieselsäurefüllung Abdrücke der einst hineingewachsenen Kalzitkristalle. Wurden solche Seeigel dann durch Eis oder Wasser transportiert, entstanden auch abgerundete, buckelige Formen. Dieses Phänomen wurde bereits im 14. Jahrhundert erstmals beschrieben und erlangte später als „Olearius-Stein" Bekanntheit. Dieses leitet sich vom Schriftsteller und Diplomaten Adam Olearius ab, der im 15. Jahrhundert lebte und diese Seeigel treffend als „Zellen/als wenns der Bienen Werck wäre" beschrieb[156]. Optisch

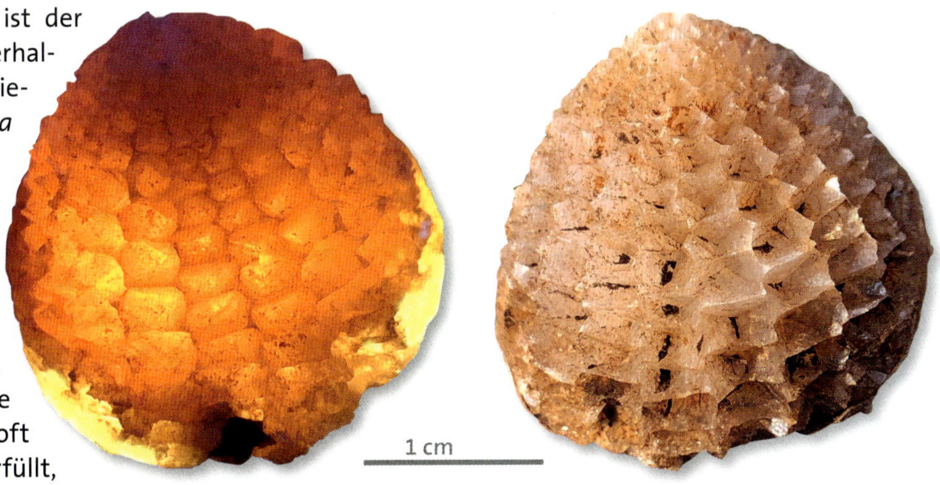

62: Ein Echinocorys erhalten als „Wabenigel", herausgeschlagen aus einem grauen Feuerstein, Oberkreide oder Danium, Kiesgrube Lüttow bei Zarrentin. Das linke Foto zeigt das Stück von der Rückseite beleuchtet. Sammlung: K. und N. Thiede, Foto: K. Thiede.

sind vor allem die Seeigel ansprechend, die man von der Rückseite beleuchten kann (62).

Feuersteine enthalten aber nicht nur Seeigelgehäuse, sondern auch eine Vielzahl anderer Fossilien. Häufig sind dickschalige Austern[72,87], aber auch andere Muscheln kommen vor, gelegentlich noch Belemnitenrostren und solitäre Korallen. Besonders ästhetisch können Bryozoen in Feuersteingeschieben sein (63). Seltene Funde im Feuerstein sind z. B. Krebstiere[25,164] – selbst eine fossile Assel ist bekannt[181,182] – und koloniale Korallen(64). Die Feuersteingeschiebe sind in die höhere Oberkreide einzuordnen, zum Teil auch schon in das Danium und damit in das Paläogen. Aus diesem Zeitabschnitt ist wenig über koloniale Korallenfaunen bekannt, weshalb den Feuersteinstücken durchaus eine wissenschaftliche Bedeutung zukommt. Das abgebildete Stück ähnelt der rezenten Gattung *Astreopora*.

Neben Schreibkreide- und Feuersteinfossilien gibt es noch weitere Geschiebetypen aus der Oberkreide, zum Beispiel Grünsandsteine aus der Bornholmer Gegend und den bereits erwähnten Holma-Sandstein. Letzterer führt mitunter recht gut erhaltene Fossilien von Landpflanzen. Er dürfte aber flachmarin sein, denn es wurden Zehnfußkrebse in ihm gefunden[183]. Im Münsterland können örtlich auch Schwämme aus dem sandigen Campanium als Lokalgeschiebe häufiger angetroffen werden.

Artikel in früheren Ausgaben von FOSSILIEN zum Thema Geschiebefossilien der Kreide.

63: Bryozoen auf einem Feuersteingeschiebe. Kiesgrube Vosskotten bei Greven, Münsterland. Sammlung und Foto: M. Heising.

64: Eine „moderne" Koralle, ein kolonialer Vertreter der Scleractinia, möglicherweise der rezenten Gattung Astreopora nahe stehend. Ein sehr seltener Fund im Feuerstein.

/utmaßlich
niozäne Schnecken
us Geschieben
'es Münsterländer
Kiessandzuges.
ammlung und
oto:
I. Akkerman.

Aufbruch in moderne Zeiten – das Paläogen und Neogen

Der Begriff Paläogen leitet sich vom griechischen Wort für alt (palaios) ab. Damit kennzeichnet man, dass es älter als das Neogen ist, was sich entsprechend von altgriechisch neu (neos) ableitet. Die Grenze zwischen der Kreidezeit und dem Paläogen, also der frühen Erdneuzeit, stellt einen der bedeutendsten Einschnitte in der geologischen Geschichte dar. Neben den Dinosauriern starben auch viele marine Organismengruppen sowie einige Landpflanzen aus. Manche davon jedoch erst mit leichter Verzögerung, wie die Ammoniten[77,78,213].

Auch wenn Ausmaß, Wirkung und Zeitlichkeit des katastrophalen Meteoriteneinschlags kürzlich durch Bohrungen direkt im Einschlagkrater von Yukatan in Mexiko noch deutlicher wurden, so ist dennoch kaum zu bestreiten, dass auch Faktoren wie Änderungen von Meeresspiegel, Klima, verstärkter Vulkanismus und eine sich daraus ergebende atmosphärische Zusammensetzung eine große Rolle spielten. Ablagerungen in fast 8000 Kilometern Entfernung zum Einschlagsort werden von einigen Wissenschaftlern als Tsunami-Sedimente gedeutet. Andere sehen darin den unbestrittenen Meeresspiegelabfall am Ende der Kreide repräsentiert[32,33]. Durch unzählige Bohrkerne von den Ozeanböden kennen wir die Geschichte des Paläogens wesentlich besser als die früherer Systeme der Erd-

65: Vogelknochen, möglicherweise von Scaniornis, Danium-Geschiebe aus Schleswig, Schleswig-Holstein. Sammlung und Foto: H.-J. Lierl.

geschichte – ältere Sedimente wurden nämlich größtenteils im Zuge der Plattentektonik wieder subduziert. Das Klima auf unserer Erde hat sich im Paläogen erheblich verändert, zunächst mit einer Erwärmung mit einem Maximum im Eozän. Die darauffolgende Abkühlung formte erste Eisschilde an den Polen, im frühen Oligozän in der Antarktis. Permanent etablierte sich ein Eisschild dann erst im späteren Miozän, als sich vermutlich auch in Grönland Gletschereis zu bilden begann. Mögliche Mechanismen der starken Schwankungen könnten für die Erwärmung dabei die Freisetzung von Gashydraten sein und für die Abkühlung die Verdunkelung der Atmosphäre durch verstärkten nordatlantischen Vulkanismus durch das Auseinanderdriften von Europa und Nordamerika. Vieles in der Klimageschichte ist jedoch noch rätselhaft. Im späten Oligozän kam es zu einer Erwärmung trotz geringer CO_2-Gehalte, während die Ausdehnung der Eisschilde in der Antarktis zugenommen und wieder abgenommen hat[133]. Was die Evolution der Organismen betrifft, ist vor allem diejenige der Säugetiere bemerkenswert. Sie betrifft

Anstehend ist das Paläogen (Oligozän) in Norddeutschland nur an sehr wenigen Stellen aufgeschlossen, zum Beispiel am Doberg bei Bünde in Westfalen (Zustand 2004).

66: *Eine Ansammlung von Gehäusen des Seeigels Cyclaster aus einem Feuerstein des Daniums von Sellin, Insel Rügen, Mecklenburg-Vorpommern. Das Exemplar unten in der Mitte zeigt eine fossile Wasserwaage. Sammlung und Foto: H.-J. Lierl.*

zwar hauptsächlich festländische Tiere, umfasst aber mit den Walen und Delfinen auch eine bemerkenswerte Fortentwicklung im marinen Bereich. Aber auch bei den wirbellosen Tieren gab es mit der enormen Zunahme der Diversität schalentragender Mollusken ein herausragendes Evolutionsgeschehen. Beide Gruppen sind Teil der „modernen" Fauna im Sinne der Hypothese der drei großen evolutionären Faunen seit dem Kambrium und deren Zusammenhänge mit den fünf großen Massensterben[187-189]. Diese molluskenreiche Vergesellschaftung leitete mit Beginn des Mesozoikums den Umschwung ein von eher sessilen Faunen, die im Paläozoikum vorherrschten, hin zu wesentlich stärker mobilen Tieren, die bis heute die Meere und Ozeane bevölkern und daher als „modern" bezeichnet werden.

Was lässt sich von diesen Entwicklungen in Geschieben ablesen? Die plazentalen Säugetiere entstanden zwar wahrscheinlich im Jura,

67: *Ein daniumzeitlicher Echinocorys mit perfekt erkennbarem Plattenmuster aus dem Geschiebe von Hohenwestedt, Schleswig-Holstein. Sammlung und Foto: H.-J. Lierl.*

aber Paläogen und Neogen sind die Zeiten des Aufstieges dieser Säugetiere[23]. In Geschieben lässt sich dieser durch das Vorkommen von Wal- und Delfinresten nachvollziehen, auch wenn diese selten sind. Mit den Vögeln machte im Paläogen eine weitere wichtige Wirbeltiergruppe entscheidende Schritte auf dem Weg in die moderne Welt und diese ist erstaunlicherweise sogar in Geschieben nachgewiesen. Durch einige isolierte Knochen von cf. *Scaniornis* liegt aus einem Flintgeschiebe ein Vogelrest vor, der in einer Kiesgrube bei Schleswig gefunden wurde[102](**65**). Dieser spektakuläre Fund konnte durch

Bitte lesen Sie weiter auf Seite 56

68: Ein Krebsbau, Ophiomorpha nodosa, mutmaßlich eozänen Alters. Kotpillen „schmücken" die Wand des Baues; im oberen Rand sieht man runde Eindrücke der Kotpillen, diese sind dort herausgewittert. Das Stück wurde vom Paläontologen Thorwald Kruckow bereits 1967 gesammelt und erst im Jahr 2010 von mir entlang eines bereits vorhandenen Risses aufgespalten, um das Innenleben zu zeigen. Steilufer bei Hohenfelde, Schleswig-Holstein. Geowissenschaftliche Sammlung der Universität Bremen, I62.

69: Fruchtkörper eines Baumpilzes, möglicherweise neogenen Alters, aus dem Münsterländer Kiessandzug. Sammlung: H. Rohe, Foto: H. Akkerman.

A

C

B

70: Koniferenzapfen in einer paläogenen Septarie aus dem Geschiebe des Münsterlandes. A) Detail der Samenschuppe in C, B) Vergrößerung eines Samens und C) Gesamtansicht der Konkretion mit dem Zapfen. Sammlung und Fotos: H. Akkerman.

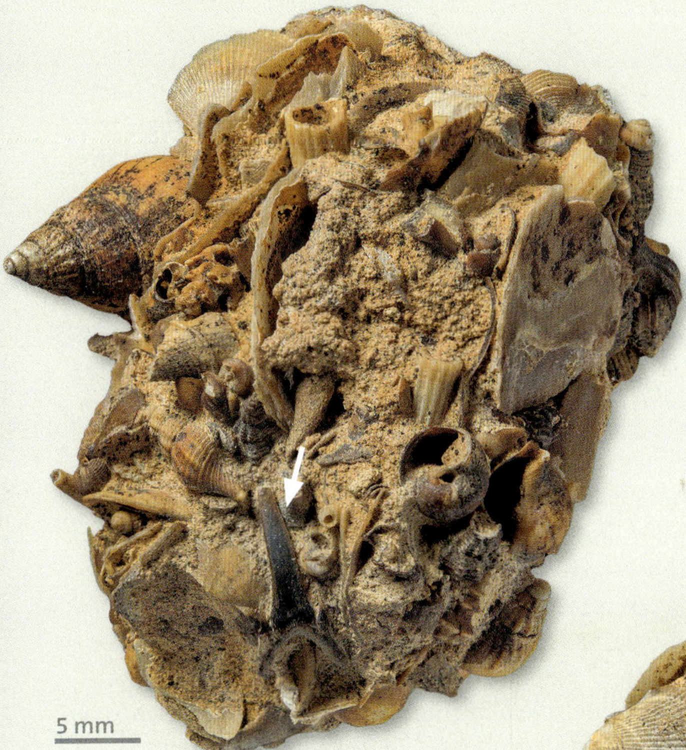

71: Ein Stück Sternberger Gestein aus verschiedenen Perspektiven, mit verschiedenen Mollusken und einem Haizahn (Carcharias gustrowensis, Pfeil). Letzterer ist am unteren Rand des Fotos oben links erkennbar. Geowissenschaftliche Sammlung der Universität Bremen, V4098 (ex coll. H. Schwandt).

72: Scaphopoden sind in manchen Schichten des Paläogens und Neogens Norddeutschlands häufig. Im Sternberger Gestein ist Fissidentalium polypleurum gelegentlich angehäuft, jedoch sind allein in diesem Geschiebe noch über 30 andere Gastropoden und Muscheln erkennbar, die mindestens 8 verschiedenen Taxa angehören. Geowissenschaftliche Sammlung der Universität Bremen, S14-S65 (ex coll. H. Schwandt).

73: Diese gut erhaltene Walzenschnecke (Athleta ficulina) dürfte in ihrer Erhaltung und Größe einmalig sein. Aus einem Geschiebe des Oligozäns von Kobrow in Mecklenburg-Vorpommern. Sammlung: K. und N. Thiede, Foto: K. Thiede.

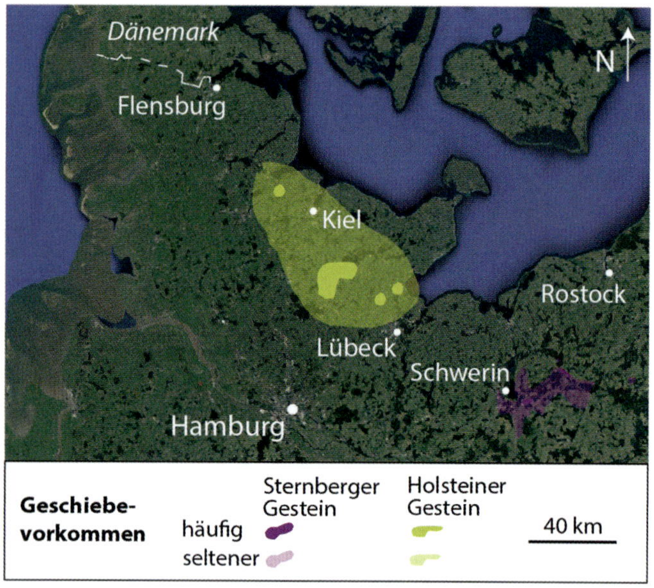

74: Verbreitung zweier prominenter Geschiebetypen oligozänen Alters, des Sternberger- und des Holsteiner Gesteins. Satellitenbild-Grundlage aus Google Earth.

Dinoflagellaten eindeutig in das Danium datiert werden. Ein kreidezeitlicher Vogel wäre natürlich noch sensationeller, aber diese Vogelreste sind vermutlich das älteste Fossil moderner Vögel, das jemals in Deutschland gefunden wurde. Der jurazeitliche *Archaeopteryx* wird zur Gruppe der Urvögel gerechnet und die recht reichen Funde aus Messel sind der jüngeren Zeit des Eozäns zuzurechnen.

In den weit verbreiteten Flinten des Daniums sind neben Vogelresten (65) weitere herausragende Funde möglich, beispielsweise Krebse[10,37,140,212] und darunter selbst marine Asseln[181,182], Fischreste oder auch komplette Fische[75,211]. Dazu zählen auch außergewöhnliche Seeigelfunde, wie die hier abgebildete Anreicherung von Seeigelsteinkernen mit Geopetalgefüge („fossile Wasserwaage") (66). Die abgebildeten *Cyclaster* sind in Flintgeschieben eine seltene Gattung im Gegensatz zu *Echinocorys*, aber selbst letzterem „Hans Dampf in allen Gassen" kann bei exzellenter Erhaltung viel abgewonnen werden (67). Das hier gezeigte Exemplar eines Steinkerns zeigt äußerst ästhetisch den Plattenbau.

Aus dem frühen Paläogen liegen keine reichen Molluskenfaunen aus Geschieben vor, aber mitunter sehr ästhetische Krebsbauten, die als *Ophiomorpha nodosa* bezeichnet werden (68). Sie sind ebenso in das Eozän einzuordnen wie die Zementsteine, die aus vulkanischen Ascheablagerungen bestehen und nicht selten Insektenreste enthalten[90]. Aus terrestrischen Ökosystemen sind neben den letztgenannten Insektenvorkommen nur Bernsteine einschließlich ihrer Inklusen häufiger überliefert sowie fossile Hölzer, die nicht selten silifiziert sind. Wie auch heutzutage wuchsen an den Bäumen der Erdneuzeit Baumpilze. Deren verkieselte Fruchtkörper sind sehr selten – vermutlich auch deswegen, weil sie nicht so leicht erkannt werden (69). Eine Datierung ist naturgemäß sehr schwierig; sie dürften neogenen Alters sein[54]. Ähnlich seltene Einzelfunde wie diese Baumpilze sind Koniferenzapfen, die z. B. in eozänen oder oligozänen Septarienkonkretionen gefunden werden können (70).

Die Vielfalt der Mollusken, hier vor allem von Schnecken und Muscheln, wird durch eine Vielzahl von Geschiebetypen mit schönen Fossilien oligozänen und miozänen Alter repräsentiert. Stellvertretend seien hier der „Sternberger Kuchen", bekannt auch als Sternberger Gestein, das Consrader-, Turritellen-, Holsteiner-, Hemmoorer- und Reinbeker Gestein genannt[11,21,100,150,170,216]. Das prominenteste dieser Beispiele im Hinblick auf den Artenreichtum dürfte das Sternberger Gestein aus dem oberen Oligozän sein. Es enthält Dutzende verschiedener Arten von Muscheln und Schnecken sowie Scaphopoden (71, 72 und 73)[123,124]. Als Lokalgeschiebe kommt das Sternberger Gestein zwar recht weit verbreitet vor, jedoch ist es nur in einem eng begrenzten Bereich häufig (74).

Neben zahlreichen Fischresten wie Haizähnen (71) sind auch Schwämme, Seeigel (75), Krebse sowie Reste mariner Säugetiere und Schildkröten und sogar Vogelknochen und Octokorallen bekannt[9,139,140,142]. Spektakulär sind zweifelsohne Krabbenfossilien, die zum Teil noch die artikulierten Extremitäten aufweisen (76, 77).

Als Sammelobjekte sind Fossilien aus dem Sternberger Gestein aufgrund der enormen Diversität besonders reizvoll. Die prachtvollen Fossilien in Sammlungen sind jedoch auf langjährige Sammeltätigkeit zurückzuführen und man sollte sich daher von dem Artenreichtum nicht blenden lassen. Dieses Gestein tritt in einer Reihe verschiedener Lithotypen (verschieden Ausprägungen desselben Gesteins) auf, welche die Dynamik des Ablagerungsraums widerspiegeln. Eine der hier gezeigten Krabben (76) ist beispielsweise in einem Tonsteingeröll erhalten, welches als Extraklast in das eigentliche Sedimentationsbecken des Sternberger Gesteins transportiert wurde, die zweite Krabbe ist dagegen in einer für diesen Gesteinstyp ungewöhnlichen braunen und schluffigen Variante erhalten (77). Das Paläorelief des Oligozäns wurde durch Salzstrukturen geprägt und so erklärt sich die Gesteinsvielfalt, die überwiegend als Sturmablagerungen (Tempestite) gedeutet werden können.

Ähnlich alt wie das Sternberger Gestein ist das Consrader Gestein, benannt nach dem Dorf Consrade bei Schwerin. Dieses Sedimentärgestein wurde erst Anfang der 1990er Jahre als neuer Geschiebetyp beschrieben[138,216]. Es handelt sich um einen rotbraunen Feinsandstein. Er repräsentiert Ablagerungen eines ruhigeren, tieferen marinen Habitats des Oberoligozäns. Neben Schnecken und Muscheln wurden als häufigste Fossilien bisher Haizähne, Krebse, Seeigel und Korallen gefunden. Pflanzenhäcksel und Treibhölzer, seltenere Blattreste und Bernstein zeugen von einer gewissen Landnähe. Die Schneckenfauna enthält unter anderem sehr attraktive Schlitzturmschnecken (78).

Auch das Holsteiner Gestein des tiefsten Miozäns und vermutlich auch noch des obersten Oligozäns ist

75: Ein regulärer Seeigel (Arbacina pusilla) aus dem Sternberger Gestein, „versteckt" zwischen Molluskenschalen. Geowissenschaftliche Sammlung der Universität Bremen, E3926 (ex coll. H. Schwandt).

76: Krabbenpanzer von Coeloma credneri mit Resten der Beine und Scheren, in einer Tonsteinkonkretion, Sternberger Gestein aus dem Oligozän, Kobrow in Mecklenburg-Vorpommern. Sammlung: K. und N. Thiede, Foto: K. Thiede.

77: Fast vollständig erhaltene Krabbe Coeloma credneri in einer braunen, sehr siltigen Gesteinsvariante des Sternberger Gesteins. Sammlung: K. und N. Thiede, Foto: K. Thiede.

78: *Schlitzturmschnecke Gemmula koninckii im Consrader Gestein von Consrade bei Schwerin, Mecklenburg-Vorpommern. Sammlung: K. und N. Thiede, Foto: P. Schröder.*

79: *Flügelschnecke Arrhoges speciosus in einem Holsteiner Gestein. Das rechte Foto erlaubt den Blick in das Innere und zeigt schön die Steinkernerhaltung. Geowissenschaftliche Sammlung der Universität Bremen, G10582 (ex coll. H. Schwandt).*

extrem molluskenreich (79). Aus diesem sandigen bis feinsandigen Gestein sind mehr als 200 Molluskenarten beschrieben worden, an weiteren Makrofossilien auch viele Fischreste und Bryozoen[63,66,150]. Auch die Lithologie dieses Geschiebetyps kann sehr unterschiedlich sein; schon im 19. Jahrhundert unterschied man fünf Typen[11,63]. Das Gestein entstand als relativ küstennahes Flachwassersediment; angenommen werden 50–80 m Wassertiefe, während eines Meeresrückzugs von Ost nach West im heutigen Schleswig-Holstein[63]. Es ist somit als Lokalgeschiebe anzusprechen. Reinbek bei Hamburg ist namensgebend für die Stufe des Reinbekiums, einer regionalen Einteilung des mittleren Miozäns in Mittel- und Norddeutschland. Das Reinbeker Gestein ist ein kalkiger Sandstein, der eine küstennahe Ablagerung repräsentiert und reichlich Mollusken enthält. Es kommt in Reinbek sogar anstehend vor und ist weiter südlich und östlich als Lokalgeschiebe verbreitet. Neben Schnecken, Scaphopoden und Holzresten werden nicht selten auch Haizähne gefunden (80).

Einen Haizahn im Gestein zu finden, ist meist Glückssache. Nicht selten sind jedoch isolierte Haizähne als Geschiebefossilien. Das Kieswerk Achim bei Bremen ist für seine miozäne Haizahnfauna berühmt[144]. Ob diese Haizähne aus Miozänschollen stammen und somit Geschiebefossilien sind oder aus dem Anstehenden, ist jedoch unklar. Leider ist jegliches Betreten heute verboten und die Fundmöglichkeiten sind somit erloschen. Aber auch an anderen Fundorten sind immer wieder einmal isolierte Haizähne zu finden. Selbst vom Riesenhai *Carcharocles megalodon* gibt es schöne Beispiele, dass die widerstandsfähigen Zähne einem Eistransport zu trotzen vermochten[92] (81).

Artikel in früheren Ausgaben von FOSSILIEN zum Thema Geschiebefossilien des Paläogens und Neogens.

80: *Haizahn Carcharias vorax, Mittelmiozän, Geschiebe von Lüttow bei Zarrentin, Sammlung: K. und N. Thiede, Foto: K Thiede.*

81: *Zahn des Riesenhais Carcharocles megalodon aus Geschiebemergeln eines temporären Bauaufschlusses bei Ahaus, Nordrhein-Westfalen. Gefunden von M. Rensing, heute Sammlung Westfälisches Museum für Naturkunde, Münster.*

Sammlungen, Literatur, Vereine

Das Sammeln von Geschieben fasziniert viele Menschen dort, wo anstehendes Gestein nicht oder nur untergeordnet zu finden ist. Es entstanden großartige Sammlungen sowie eine Fülle von Literatur, die auch durch besonders viele Laienbeiträge gespeist wurde – Stichwort Bürgerwissenschaft. Sogar eine schier unglaublich umfassende Bibliographie sucht ihresgleichen unter sonstigen geowissenschaftlichen Themen.

82: Das berühmteste Geschiebefossil überhaupt ist Xenusion – hier als Abguss in der Sammlung des öffentlich zugänglichen Teils des Goldfuß-Museums in Bonn.

Öffentliche Geschiebesammlungen

Leider sind nur wenige öffentliche Geschiebesammlungen frei zugänglich, aber wer ein tiefergehendes Interesse an einem Themenschwerpunkt hat, wird bei den im folgenden genannten Institutionen sicherlich auf offene Türen stoßen. Um den Rahmen nicht zu sprengen, werden hier nur ausgewählte Sammlungen in Norddeutschland erwähnt, obwohl natürlich auch Sammlungen in anderen Gebieten Geschiebefunde enthalten (82).

Mecklenburg-Vorpommern

Naturgemäß finden sich öffentliche Sammlungen zur Geschiebekunde hauptsächlich in Norddeutschland. Das „Deutsche Archiv für Geschiebeforschung (DAG) und Nordische Vergleichssammlung" am Institut für Geologische Wissenschaften der Universität Greifswald[105]. Das DAG wurde 1936 gegründet und umfasst etwa 32.000 Exemplare. Eine seiner Aufgaben ist es, auch Geschiebesammlungen zu registrieren – und hier werden explizit auch private Sammlungen genannt. Ebenfalls in Mecklenburg-Vorpommern und mit dem DAG vernetzt, befindet sich am Landesamt für Umwelt, Naturschutz und Geologie Mecklenburg-Vorpommern eine Geschiebesammlung in 230 Schubläden, die neben Sedimentärgeschieben und Fossilien auch kristalline Geschiebe enthält. Dieses war der Ursprung der Rostocker Universitäts-/Landessammlung, deren Anfänge bis ins 18. Jahrhundert zurückreichen. Der berühmte Paläontologe Geinitz (siehe FOSSILIEN 1/2000: 44–48) vergrößerte die Sammlung im 19. Jahrhundert stark. Im Jahr 1968 wurde die Sammlung jedoch aufgelöst und ein Großteil des Materials ging dabei verloren. Erst seit 1998 befindet sich der Rest dieser Sammlung in Sternberg. Erwähnt werden sollte die kleine Geschiebeausstellung im Kreidemuseum in Gummanz auf der Insel Rügen (siehe FOSSILIEN 3/2023: 36-42). Auch das Müritzmuseum in Waren darf als Ausflugsziel nicht vergessen werden. Es beherbergt neben einer Vielzahl weiterer Geschiebesammlungen diejenige von A. Buchholz, der jahrzehntelang Geschiebefossilien in Mecklenburg-Vorpommern sammelte.

Berlin

Das Museum für Naturkunde in Berlin beherbergt eine thematische Sammlung zur Geschiebekunde, deren Umfang auf 34.000 Stücke beziffert wird[55] und die im Jahr 1951 durch die Abgabe der ehemaligen Sammlung der Staatlichen Geologischen Kommission der DDR anwuchs. Berühmt sind die darin enthaltenen Sammlungen von W. Neben und H.-H. Krueger, die in den inzwischen klassischen Staringia-Bänden über paläozoische Geschiebefossilien vorgestellt werden[128-130]. Neben Sammlungen weiterer bedeutender Wissenschaftler (J. F. Pompeckj, siehe FOSSILIEN 2/1998: 121–124; W. Dames, Fr. Schmidt) ist hier vor allem der Holotypus von *Xenusion* als herausragendes Geschiebefossil zu nennen. Doch auch das regional ausgerichtete Stadtmuseum Berlin bewahrt eine umfangreiche Geschiebesammlung auf und die Bundesanstalt für Geowissenschaften und Rohstoffe besitzt an ihrem Berliner Standort zahlreiche Originale zu wissenschaftlichen Publikationen – auch aus der Tätigkeit der Preußischen Geologischen Landesanstalt.

Schleswig-Holstein

In Kiel besitzt das Geologische und Mineralogische Museum der Universität eine größere Geschiebesammlung. Derzeit ist das Museum jedoch geschlossen, ebenso wie das Museum der Stadt Bad Schwartau (Sammlung H.-J. Sterley, mit vielen schönen Trilobiten), das jedoch an einem neuen Standort neu eröffnet werden soll. Erfolgreicher ist man derzeit im Naturwissenschaftlichen Museum Flensburg mit einer zu den Öffnungszeiten frei zu besichtigenden umfangreichen Schau von Geschieben im Eiszeithaus. Gleiches gilt für das Museum für Natur und Umwelt in Lübeck, wo der Besucher vor allem prachtvolle Funde aus dem Paläogen und Neogen bewundern kann.

Hamburg

In Hamburg ist das „Archiv für Geschiebekunde" (AfG) heute dem Centrum für Naturkunde (CeNak) angegliedert und nicht zu verwechseln mit der gleichnamigen Zeitschrift, in der umfangreichere Arbeiten zur Geschiebekunde veröffentlich werden. Es besteht seit 1988 und ist untrennbar mit der unermüdlichen Tätigkeit des Ostracodenforschers Roger Schallreuter (1937–2013) verbunden[162]. Der Umfang der Sedimentärgeschiebe dieser Sammlung wird auf 20.000 Stücke geschätzt.

Niedersachsen

Das Geowissenschaftliche Museum der Universität Göttingen besitzt eine Vielzahl von Originalmaterial zu wissenschaftlichen Publikationen über Geschiebefossilien; in der Ausstellung wird man dazu jedoch wenig entdecken. Die Sammlungen der Bundesanstalt für Geowissenschaften und Rohstoffe in Hannover wird mit etwa 5000 Stücken beziffert; sie ist der breiten Öffentlichkeit nicht zugänglich. Für einen Besuch lohnend ist das Naturmuseum Lüneburg. Es besitzt etwa 10.000 Geschiebe und ist eine der wenigen Sammlungen mit einer Ausstellung, die regelmäßige Öffnungszeiten hat.

Bremen

Die Geowissenschaftliche Sammlung der Universität Bremen ist eine reine Forschungssammlung. Ihr Geschiebebestand wurde ausführlich beschrieben[9], in der Öffentlichkeit wird dieser in der Regel aber mit der Sammlung des berühmten Sammlers Alfons P. Meyer (1929) assoziiert, der vor allem kristal-

83: Ammoniten – hier in der Sammlung Akkerman – sind eher seltene Funde in eiszeitlichen Geschieben.

line Geschiebe sammelte. Neben dieser enthält die umfangreiche Sammlung jedoch auch Sedimentärgeschiebe aus der historisch bedeutenden Sammlung vom Gut Wellen bei Bremerhaven[17,79] und anderer erloschener Fundstellen in der Umgebung von Bremen[71,85,114,115].

Private Geschiebesammlungen

In Norddeutschland und den angrenzenden Regionen wurden über die letzten gut 200 Jahre hunderte von privaten Geschiebesammlungen aufgebaut – zum Teil in großen Mengen mit einmaligem Material (83). Viele dieser Sammlungen sind heute Teil von Museums- und Institutssammlungen. Als Beispiele aus den letzten Jahrzehnten kann die ehemalige Sammlung von Rainer Schäfer aus Steinfurt gelten (siehe FOSSILIEN 1/1998: 6 und 4/2001: 200), die zunächst als privates Geschiebemuseum eröffnet und nach dem Tod des Sammlers an die Universität Münster vermacht wurde. Hier werden nun exemplarisch zwei Privatsammlungen und ihre Sammler vorgestellt, die zweifelsohne Museumscharakter haben und in denen so viel Zeit und Hingabe steckt, dass sie als Sammlung schon selber ein Kulturgut darstellen.

Sammlung Akkerman

Herman Akkerman hat mit 15 Jahren angefangen Fossilien zu sammeln, war Direktor einer Schule für Kinder mit Behinderung und ist inzwischen 75 Jahre alt. Obwohl er Niederländer ist, hat er sicherlich die optisch attraktivste Sammlung an Fossilien aus dem Münsterländer Kiessandzug in Westfalen zusammengetragen (84). Der Weg zur Fundstelle beträgt je Strecke 35 Kilometer. Anfangs legte er diese noch jedes Mal mit dem Fahrrad zurück. Die Faszination des Sammelns geht bei ihm von den Juraammoniten aus. Wer sie zum ersten Mal sieht, muss sofort an die prächtigen Ammoniten aus Baden-Württemberg oder England denken (85). Der Erhaltungsform und Anwitterung der Konkretionen ist es jedoch zu verdanken, dass diese Fossilien noch exquisiter aussehen als aus dem Anstehenden. Herman Akkerman sagt von sich selbst, dass er ein fanatischer Sammler sei, aber er sucht stets ohne Stress und ohne viel Energieaufwand, d. h. er liebte es, einfach nur abzuwarten, was ihm von den Förderanlagen direkt vor die Füße fiel. Auch gefällt ihm am Geschiebesammeln, dass die Objekte so schön klein sind, das „von bequeme Format“ – um das auszudrücken – wurde in der Szene legendär. Dennoch – als sich vor knapp 30 Jahren die Gelegenheit auftat – grub

84: Schauvitrinen in der Sammlung Akkerman – im Archiv im angrenzenden Schuppen lagern noch Tausende anpräparierter und gänzlich unpräparierter Funde.

85: Herman Akkerman vor einem Te seiner Lieblinge – Juraammoniten aus den Münsterländer Kiessandzu

86: Perfektion in der Präparation zeichnen diese Prodactylioceras-Exemplare in der Sammlung von H. Akkerman aus.

87: Ein Blick in die Werkstattecke von H. Akkerman. Ungewöhnlich für eine Fossilpräparation: zwischen der Sammlung und der Fotostation befindet sich keine Trennwand – dank einer hervorragenden, leisen Absauganlage.

88: Einige der Vitrinen im Keller der Sammlung Thiede – links mit der Sammlung fossiler Seeigel und rechts mit Geschiebefossilien aus dem Consrader Gestein.

er auch schon einmal das Teilskelett eines Mammuts für ein Museum aus[1,2]. Ihm war wichtig, sehr intensiv zu sammeln um einen Vorrat für die Zeit nach dem Ende der Kiesförderung aufzubauen, was ihm zweifelsohne auch gelang. Sein Ziel war es, zum besten Präparator in den Niederlanden zu werden und über die Jahrzehnte hat er das aus meiner Sicht auch geschafft, und zwar lange bevor die Druckluftpräparation in der heutigen breiten Anwendung ihren Siegeszug begann. Er hat in seiner Laufbahn wahrscheinlich ein Dutzend elektrisch betriebene Stichel (Vibrografen) verschlissen, bevor auch er die Druckluftpräparation für sich entdeckte. Mit dem Nutzen eines Binokulars für die Präparation gab er sich nicht zufrieden, sondern begann auch gleich Mikroskope zu sammeln. Die Ergebnisse dieser Präparationstätigkeit lassen einen jedoch staunen (86). Auch heute noch verzichtet er weitgehend auf Strahlgeräte, die gemeinhin in vielen Präparationswerkstätten vorhanden sind. Aufgrund seiner enormen Geduld gelangen ihm schon in sehr frühen Jahren fantastische Präparate mit seinen speziellen Methoden zu erlangen und heute ergänzen seine Werkstatt dieselben Druckluftstichel, wie sie sich inzwischen in vielen Werkstätten finden (87). Eine ähnliche Leidenschaft entwickelte er beim Fotografieren – und das auch bereits seit Jahrzehnten[3]. Das Fotostacking macht ihm besonderen Spaß, wovon auch dieses Heft profitiert. Herman Akkerman ist eben ein Sammler und Perfektionist. Genau so arbeitet er heute – wie auch schon seit längerem[46] – für Veröffentlichungen über Geschiebe in den Niederlanden, bei denen er für die Fotoarbeiten zuständig ist, aber für die er auch gelegentlich selber schreibt.

89: Karina Thiede zeigt ihre Schätze.

Sammlung Thiede

In Mecklenburg-Vorpommern ist das Ehepaar Thiede beheimatet. Sie besitzen wohl eine der größten privaten Geschiebesammlungen, die sich vom Keller bis in die oberen Stockwerke eines geräumigen Hauses in Parchim erstrecken (88). Karina Thiede kennt sich fachlich exzellent aus. Kein Wunder, denn sie hat an der Universität Greifswald Geowissenschaften studiert (89). Sie gibt auch regelmäßig Vorträge über ihre Funde, vor allem in Mecklenburg. Heute führt sie gemeinsam mit ihrem Ehemann Nils, der die Leidenschaft teilt, einen Handwerksbetrieb. Beide nutzen jede freie Minute für die Fossiliensuche. Die gemeinsamen Urlaube verbringen sie

90: Eine Lastenträgerschnecke (Xenophora sp.) aus dem Reinbeker Gestein. Breite der Schnecke etwa 3 cm.

auf der Insel Rügen oder in Dänemark – natürlich auf der Suche nach Fossilien. Der Schwerpunkt der Sammlung sind zweifellos die Fossilen des Sternberger Gesteins (90). Einige Glanzlichter sind daher auch im vorliegenden Heft abgebildet. Natürlich versuchen sie diesen Sammlungsschwerpunkt auch durch Tausch oder Kauf zu erweitern und so ist zu dem Thema eine einzigartige Spezialsammlung entstanden. Aber auch aus dem Reinbeker und Consrader Gestein besitzen die Thiedes eine hervorragende Sammlung; beispielsweise können in den Vitrinen mehrere Lastenträgerschnecken bewundert werden (91). Eine besondere Leidenschaft von Karina Thiede sind fossile Krabben und eine große Vitrine im Obergeschoss des Hauses lässt den Crustaceenfreund erblassen. Hier liegen hunderte von Krabbenfossilien bestens geordnet und oftmals exquisit präpariert. Was die Präparation angeht, sieht sich Karina Thiede aus Zeitgründen jedoch nicht in der Lage, in höhere Sphären zu gelangen; hier vertraut sie auf einen Profi. Der bekannte Präparator Andreas Hänel in Minden ist quasi ihr „Haus und Hof"-Präparator und so staunt man nicht nur in der „Krabbenecke", sondern in der gesamten Sammlung über qualitativ hochwertige Präparationen.

Geschiebeliteratur

Für den Leser, der einen ersten kompakten Einstieg in die Thematik sucht, ist die Literaturauswahl übersichtlich. Über Jahrzehnte galt die „Einführung in die Geschiebeforschung (Sedimentärgeschiebe)" von Kurt Hucke (*1882–†1963) als die „Bibel" für alle, die sich mit Sedimentärgeschieben und deren Fossilinhalt beschäftigten[49]. Zweifelsohne kann dieses nur noch antiquarisch erhältliche Buch mehr als ein halbes Jahrhundert nach seinem Erscheinen in weiten Bereichen als veraltet gelten. Dennoch taugt es immer noch als erste Orientierungshilfe und ist auch durch seine kompakte Darstellung auf 132 Seiten immer noch empfehlenswert. Deutlich aktueller ist der Inhalt von „Geschiebe – Boten aus dem Norden", das 1990 erstmals als Sonderheft der Zeitschrift „Geschiebekunde aktuell" erschien[99] und 2003 um einige Aspekte erweitert als Buch neu aufgelegt wurde[100]. Eine nicht nur stark modernisierte, sondern mit über 500 Seiten extrem erweiterte Darstellung erschien dann 2003 durch Werner Schulz[180]. Als „Geologischer Führer für den norddeutschen Geschiebesammler" kann er schon jetzt als Klassiker angesehen werden, zumal es neben den Sedimentärgeschieben und ihren Fossilien auch die Welt der kristallinen Gesteine in einem Druckwerk vereint. Leider ist auch dieses Buch mittlerweile nur noch antiquarisch erhältlich und es wird mitunter zu horrenden Preisen im Internet gehandelt. In jüngerer Zeit erschienen dann stark bildlastige Darstellungen über Fossilien an Nord- und Ostsee[152], bzw. als Neuauflage unter dem Titel „Fossilien an deutschen Küsten"[153] von Frank Rudolph und Koautoren, die eine große Fülle unterschiedlicher Fossilien und Gesteine abbilden. Wer einen noch einfacheren Einstieg bevorzugt, sei auf „Steine an Fluss, Strand und Küste" verwiesen[155]. Hier werden primär Gesteine vorgestellt und auch Gerölle aus allen deutschen Flussregionen beschrieben; entsprechend weit weg vom Kernthema bewegt sich demnach aber diese Darstellung. Daneben gibt es noch eine Reihe weiterer speziellerer Darstellungen zu bestimmten Regionen oder erdgeschichtlichen Intervallen, die hier nicht alle erwähnt werden können. Zu ersteren gehören von Hachts Bücher über Fossilien von Sylt[201,203,206]. Zu letzteren gehört ein Klassiker der altpaläozoischen Fossilien: die Tafelbände von Neben und Krueger aus den 1970er Jahren bilden zwar einerseits eine Menge an Material ab, der Text ist jedoch extrem reduziert[128-130]. All diese Druckerzeugnisse sind natürlich auch nur noch antiquarisch erhältlich.

Da der an Geschieben Interessierte aber über den Tellerrand hinausschaut und nicht nur an den Geschieben und ihren Fossilien selbst interessiert ist, sondern auch an der eiszeitlichen Verfrachtungsgeschichte insgesamt, seien hier auch einige wenige Titel zu dieser Thematik genannt. Als Einstieg bieten sich für den südlichen Teil des Vereisungsgebiets neben einer Reihe von kürzeren Fachveröffentlichungen[116,192] vor allem das Buch „Die Eiszeit in Nordwestdeutschland" an[191]. Dieses bietet fachlich tiefschürfende Einblicke. Was das nordwestliche Norddeutschland betrifft, kratzt „Die Eiszeiten in Schleswig-Holstein ..."[171] nur an der Oberfläche, dafür aber werden viele kulturgeschichtliche und weitere Randaspekte aufgegriffen. Generell sind die „Sammlung geologischer Führer" für die einzelnen Regionen empfehlenswert, sie gehen z. B. fachlich vertieft auf die nordostdeutsche Region ein[53], was auch für die „Geologie von Mecklenburg-Vorpommern"[60] und die „Eiszeitlandschaften in Mecklenburg-Vorpommern"[76] gilt. Das südlichere Ostdeutschland behandelt „Die Eiszeitgeschiebe in der Umgebung von Leipzig"[146], ein Buch, welches aber in die Jahre gekommen ist.

Diese Darstellung muss unvollständig bleiben und stellt umfangreichere, bevorzugt neuere Literatur vor. Für weitergehendes Literaturstudium sei auf die unten vorgestellten einschlägigen Bibliographien verwiesen.

Bibliographien

Wer sich für spezielle geschiebekundliche Themen interessiert oder ein detailliertes Wissen erlangen möchte, dem sei die mit über 7200 Seiten und fast 60.000 Zitaten umfangreichste Literaturzusammenstellung empfohlen, an der über 100 Personen mitgewirkt haben. Die „Bibliographien der geschiebekundlichen Literatur zu den regionalen Vereisungen und Paläovereisungen weltweit und zu Geschiebe-

91: Muscheln (oben) und Reptil- und Walfunde aus dem Sternberger Gestein in der Sammlung Thiede.

forschern“ fußt auf zwei Bibliographien, die 1969 und 1970 erschienen sind, aber permanent erweitert wurden. Nach ihrem Begründer Fritz Kaerlein ist diese extrem reichhaltige Literaturzusammenstellung auch verkürzt als „Kaerlein Bibliographie“ bekannt. Die letzte gedruckte Fassung erschien 2017[177], die Online-Fassung Stand 2020 kann kostenlos im Internet im PDF-Format abgerufen werden (http://kristallin.de/Kaerlein/Kaerlein.pdf). Neben den Zitaten selbst enthält sie zum Teil sehr umfangreiche Kommentare.

Vereinigungen zur Geschiebekunde

Wer intensiver in das Thema Geschiebekunde eintauchen möchte, kommt um die „Gesellschaft für Geschiebekunde e.V.“ mit Sitz in Hamburg und Greifswald nicht herum. Der Zweck dieses Vereins ist die Förderung der Geschiebekunde durch Organisation und Zusammenführung von Laien und Forschern, die sich für Geschiebekunde interessieren – und das im In- und Ausland. Es werden Vorträge, Kurse und Geländeveranstaltungen angeboten. Ein weiterer Sinn ergibt sich aus der Förderung des „Archivs für Geschiebekunde“ an der Universität Hamburg, welches 1988 als zentraler Ort für geschiebekundliche Belange in Norddeutschland gegründet wurde. Zudem wird das geschiebekundliche Archiv der Ernst-Moritz-Arndt-Universität in Greifswald, eines zweiten Zentrums für Geschiebekunde in Norddeutschland, unterstützt. Der Verein gibt zudem ein Mitteilungsblatt heraus („Geschiebekunde aktuell“), und mit „Archiv für Geschiebekunde“ eine wissenschaftlich-geschiebekundliche Zeitschriftenreihe. Nicht zuletzt soll die Verleihung der „Kurt-Hucke-Medaille“ erwähnt werden. Sie wird vom Verein für herausragende Leistungen auf dem Gebiet der Geschiebekunde, deren Popularisierung und der dazu gehörenden Nachwuchsarbeit verliehen. Kurt-Hucke war ein deutscher Geologe, der mit der „Gesellschaft für Geschiebeforschung“ im frühen 20. Jahrhundert eine Institution mit ähnlichen Zielen begründet hatte. Die „Gesellschaft für Geschiebekunde“ führt diese Tradition aber nicht nur fort, sondern steht Laienforschern noch offener gegenüber als ihre Vorgängerin. Das Logo des Vereins ist übrigens ein stilisiertes *Xenusion* – wohl eines der bedeutendsten und zugleich populärsten Geschiebefossilien (19, 20).

Dank
Paul Freitag (Rostock), Manfred Heising (Münster), René Kautz (Lüneburg), Hans-Jürgen Lierl (Hamburg), Karina Thiede (Parchim) sowie Oliver Wings (Bamberg) steuerten Fotos bei und lieferten wichtige Informationen. Dank auch an Björn Kröger (Helsinki), Hannes Löser (Hermosillo) und Christian Pott (Münster) für fachliche Einschätzungen, auch Heribert Schwandt (Oststeinbeck) half mit manchem Hinweis. Für Materialausleihe sei zudem Stefan Meng (Greifswald) gedankt. Meinen alten Freunden der ehemaligen „Geschiebesammlergruppe Münsterland“, Herman Akkerman (Enschede) und Harald Rohe (Salzbergen) danke ich für die breite Unterstützung bei der Umsetzung dieses Projekts. Für akribische Manuskriptdurchsicht und äußerst konstruktive Kritik danke ich Jochen Kuss (Bremen) sehr herzlich. Gregor Kösters (Tübingen) half bei der Korrektur des Umbruches.

Nachtrag
Nach Redaktionsschluss erreichte uns die traurige Nachricht, dass die hier vorgestellte Fossiliensammlerin Karina Thiede am 14. August 2023 verstorben ist.

Literaturverzeichnis

Amaltheen aus dem frühen Jura. Slg. und Foto: H. Akkerman.

1 Akkerman, H. (1996): De mammoet van Borne. Natuur & Museum 40 (2): 30–33.

2 Akkerman, H. (1996): De vondst van de maand: De opgraving van de mammoet van Borne. Cranium 13 (2): 113–120.

3 Akkerman, H., J. Lehmann & E. T. Seraphim (1986): Eiszeitliche Sedimentärgeschiebe-Fossilien aus dem Münsterländer Kiessandzug. Münster.

4 Alley, N. F., S. B. Hore & L. A. Frakes (2020): Glaciations at high-latitude Southern Australia during the Early Cretaceous. Australian Journal of Earth Sciences 67 (8): 1045–1095.

5 Amler, M. R. W. & H. Elsner (1988): *Ptilodictya lanceolata* aus obersilurischen Geschieben von Schöningen, Ost-Niedersachsen. Geschiebekunde aktuell 4 (3): 69–80.

6 Ansorge, J. (2004): Insekten aus Liasgeoden der Ahrensburger Geschiebesippe – mit einem Ausblick auf lokale Anreicherungen von Liasgeoden in Mecklenburg-Vorpommern. Archiv für Geschiebekunde 3 (8–12): 779–784.

7 Bandel, K. (1983): Wandel der Vorstellungen von der Frühevolution der Mollusken, besonders der Gastropoda und Cephalopoda. Paläontologische Zeitschrift 57 (3/4): 271–284.

8 Banerjee, S., U. Bansal, K. Pande & S. S. Meena (2016): Compositional variability of glauconites within the Upper Cretaceous Karai Shale Formation, Cauvery Basin, India: Implications for evaluation of stratigraphic condensation. Sedimentary Geology 331: 12–29.

9 Bartholomäus, W. A. (2000): Die Geschiebe in der Geologischen Sammlung der Universität Bremen. Geohistorische Blätter 3 (2): 149–158.

10 Bartholomäus, W. A. & E. Weickert (1999): Eine Krebsschere in dano-kretazischem Flint. Der Geschiebesammler 32 (1): 9–13.

11 Behm, H. (2020): Ausgewählte Aspekte der geologischen Erforschung des Herzogtums Lauenburg. Sonderheft Lauenburgische Heimat 33: 244–257.

12 Beyrich, E. (1850): Geschiebe des Wälderthones im Diluvium bei Berlin. Zeitschrift der Deutschen Geologischen Gesellschaft 2: 170–171.

13 Bilz, W. (2001): Geschiebefunde an den Abbruchkanten der Eckernförder Bucht. 7. Sedimentärgeschiebe des Ordoviziums. Der Geschiebesammler 33 (4): 143–186.

14 Bobrovskiy, I., J. M. Hope, A. Ivantsov, B. J. Nettersheim, C. Hallmann & J. J. Brocks (2018): Ancient steroids establish the Ediacaran fossil *Dickinsonia* as one of the earliest animals. Science 361 (6408): 1246–1249.

15 Braasch, R. & H. Menzel-Harloff (2020): Mecklenburg-Vorpommerns Schätze im Feuerstein. Eigenverlag.

16 Brenchley, P. J. & D. A. T. Harper (1998): Palaeoecology. Ecosystem, environments and evolution. Chapman & Hall, London, Weinheim, New York, Tokyo, Melbourne & Madras.

17 Buchenau, F. G. P. (1875): Über das Vorkommen von Geschieben silurischer Kalke in der Nähe von Gut Wellen bei Stubben. Abhandlungen des Naturwissenschaftlichen Vereins zu Bremen 4: 552–556.

18 Burger, A. W. (2012): Goniatitidae in het grind van Nederland. In: Hoedemaeker, P. J. et al. (Hrsg.): Fossiele cephalopoden van Nederland, S. 46–59. Staringia. Grondboor & Hamer, Enschede.

19 Cohen, K. M., K. Westley, G. Erkens, M. P. Hijma & H. J. T. Weerts (2017): The North Sea. In: Flemming, N. C. et al. (Hrsg.): Submerged Landscapes of the European Continental Shelf: Quaternary Paleoenvironments: S. 147–186. John Wiley & Sons, Inc.

20 Crowley, T. J. & G. R. North (1991): Paleoclimatology. Oxford University Press-Clarendon Press, Oxford & New York.

21 Deppermann, J. & W. Zessin (2018): Über ein neues Massenvorkommen mittelmiozäner Geschiebe der Reinbek-Stufe aus Perdöhl bei Wittenburg und neue Funde im gleichaltrigen Bockuper Sandstein aus Karenz, Mecklenburg. Mitteilungen der Naturforschenden Gesellschaft Mecklenburg 19 (1): 8–32.

22 Doguzhaeva, L. A., H. Mutvei & W. Weitschat (2003): The pro-ostracum and primordial rostrum at early ontogeny of Lower Jurassic belemnites from north-western Germany. In: Warnke, K. et al. (Hrsg.): Proceedings of the International Symposium „Coleoid cephalopods through time", 17-19 September 2002, Berlin, S. 79–89. Berliner Paläobiologische Abhandlungen. Fachrichtung Paläontologie, Institut für Geologische Wissenschaften, Weinert, Berlin.

23 dos Reis, M., P. C. J. Donoghue & Z. Yang (2014): Neither phylogenomic nor palaeontological data support a Palaeogene origin of placental mammals. Biology Letters 10 (1): 20131003.

24 Ehlers, J. & P. L. Gibbard (2004): Quaternary Glaciations – Extent and Chronology: Part I: Europe. Elsevier, Amsterdam.

25 Eichbaum, K. W. (1983): Krebsreste im Geschiebe-Feuerstein. Der Geschiebesammler 17 (1): 1-28.

26 Eiler, J. M. (2007): The oldest fossil or just another rock? Science 317: 1046–1047.

27 El Albani, A., S. Bengtson, D. E. Canfield, A. Riboulleau, C. Rollion Bard, R. Macchiarelli, L. Ngombi Pemba, E. Hammarlund, A. Meunier, I. Moubiya Mouele, K. Benzerara, S. Bernard, P. Boulvais, M. Chaussidon, C. Cesari, C. Fontaine, E. Chi-Fru, J. M. Garcia Ruiz, F. Gauthier-Lafaye, A. Mazurier, A. C. Pierson-Wickmann, O. Rouxel, A. Trentesaux, M. Vecoli, G. J. M. Versteegh, L. White, M. Whitehouse & A. Bekker (2014): The 2.1 Ga Old Francevillian Biota: Biogenicity, Taphonomy and Biodiversity. PLoS ONE 9 (6): e99438.

28 Engmann, B. (2012): *Skolithos* – faszinierende Lebensspuren eines unbekannten Erzeugers. Fossilien 29 (4): 250–252.

29 Eriksson, M. E. & E. Horn (2017): *Agnostus pisiformis* – a half a billion-year old pea-shaped enigma. Earth-Science Reviews 173: 65–76.

30 Ernst, W. (1938): Über die Ahrensburger Geschiebesippe im norddeutschen Diluvium. Zeitschrift für Geschiebeforschung 14 (2): 73–104.

31 Gale, A. S. (2002): Late Cretaceous to Early Tertiary pelagic deposits: deposition on greenhouse Earth. In: Woodcock,

N. H. & R. A. Strachan (Hrsg.): Geological History of Britain and Ireland, S. 356–373. Blackwell, Malden.

32 Gale, A. S. (2006): The Cretaceous–Palaeogene boundary on the Brazos River, Falls County, Texas: is there evidence for impact-induced tsunami sedimentation? Proceedings of the Geologists' Association 117 (2): 173–185.

33 Gertsch, B., G. Keller, T. Adatte & Z. Berner (2013): The Cretaceous–Tertiary boundary (KTB) transition in NE Brazil. Journal of the Geological Society 170 (2): 249–262.

34 Goldman, D., P. M. Sadler, S. A. Leslie, M. J. Melchin, F. P. Agterberg & F. M. Gradstein (2020): Chapter 20 - The Ordovician Period. In: Gradstein, F.M. et al. (Hrsg.): Geologic Time Scale 2020, S. 631–694. Elsevier, Amsterdam.

35 Gravesen, P. (1996): Geologisk set. Bornholm. En beskrivelse af områder af national geologisk interesse. Geografforlaget, Brenderup.

36 Grube, F. (1961): Die Geologie des Schulauer Ufers an der Unterelbe. Mitteilungen aus dem Geologischen Landesamt Hamburg 33: 1–11.

37 Grzegorzewski, K. (1989): Fundbericht Krebsfund. Der Geschiebesammler 23 (2–3): 97.

38 Halisch, W. (1959): Versteinerung in eiszeitlichem Geschiebe. Kosmos 55 (8): 364.

39 Halisch, W. (1971): Fundbericht: *Xenusion*. Der Geschiebesammler 6 (2): 61.

40 Haq, B. U. (2014): Cretaceous eustasy revisited. Global and Planetary Change 113: 44–58.

41 Harris, R., R. McCall, O. Randall, M. H. Bin Tawang, R. Williams, J. G. Fairman & D. M. Schultz (2017): Climate change during the Triassic and Jurassic. Geology today 33 (6): 210–215.

42 Hay, W. W. (2011): Can humans force a return to a 'Cretaceous' climate? Sedimentary Geology 235 (1–2): 5–26.

43 Hay, W. W. & S. Floegel (2012): New thoughts about the Cretaceous climate and oceans. Earth-Science Reviews 115 (4): 262–272.

44 Haye, T. (1994): Eine Ahrensburger Liaskugel aus Johannistal. Der Geschiebesammler 27 (2): 55–56.

45 Hesemann, J. (1975): Kristalline Geschiebe der nordischen Vereisungen. Geologisches Landesamt Nordrhein-Westfalen. Johannes van Acken, Krefeld.

46 Hoedemaeker, P. J., G. L. L. M. Brouwers, W. Bont, H. Akkerman, J. Buijs, R. H. B. Fraaije, J. W. M. Jagt, N. M. M. Janssen, A. A. Klompmaker, E. W. A. Mulder, A. W. Burger & H. Oosterink (2012): Fossiele cephalopoden van Nederland. Grondboor & Hamer, Enschede.

47 Hoffman, P. F. & D. P. Schrag (2002): The snowball Earth hypothesis: testing the limits of global change. Terra Nova 14: 129–155.

48 Huber, B. T., K. G. MacLeod, D. K. Watkins & M. F. Coffin (2018): The rise and fall of the Cretaceous Hot Greenhouse climate. Global and Planetary Change 167: 1–23.

49 Hucke, K. & E. Voigt (1967): Einführung in die Geschiebeforschung (Sedimentärgeschiebe). Nederlandse Geologische Vereniging, Oldenzaal.

Liparoceraten aus dem frühen Jura. Slg. und Foto: H. Akkerman.

50 Ichaso, A., L. A. Buatois, M. G. Mángano, P. Thomas & D. Marion (2022): Assessing the expansion of the Cambrian Agronomic Revolution into fan-delta environments. Scientific Reports 12 (1): 14431.

51 International Commission on Stratigraphy (2022): International Chronostratigraphic Chart. www.stratigraphy.org

52 Janke, V. (1996): Ein „Olearius-Stein“ (Wabenigel, *Echinocorys* sp.) als Geschiebe von der Insel Mors (Dänemark). Geschiebekunde aktuell 12 (1): 1–4.

53 Janke, W. (2011): Südküste des Greifswalder Boddens. In: Niedermeyer, R.-O. et al. (Hrsg.): Die deutsche Ostseeküste. Sammlung geologischer Führer 105: 276–285. Gebrüder Borntraeger, Berlin & Stuttgart.

54 Jansen, H. & H.-J. Gregor (1999): Eerste vondst van een laat-tertiaire boomzwam (*Trametites* sp.) met begleitende flora en fauna uit de omgeving van Almelo. Grondboor en Hamer 1: 4–10.

55 Jansen, U. & F. F. Steininger (2002): Die paläontologischen Sammlungen in Deutschland. Inhalte, Erfassung und Gefährdung. E. Schweizerbart'sche Verlagsbuchhandlung, Stuttgart.

56 Jurkowska, A. & A. Uchman (2013): The trace fossil *Lepidenteron lewesiensis* (Mantell, 1822) from the Upper Cretaceous of southern Poland. Acta Geologica Polonica 63 (4): 611–623.

57 Kahlke, J. (1996): Leserbrief zum Thema: Wabenseeigel und fossile Wasserwaagen. Geschiebekunde aktuell 12 (3): 97–98.

58 Kahlke, J. & S. Taake (2013): Fossile Wasserwaagen, Wabenigel & Co.; Feuerstein-Seeigel und andere Fossilien mit kristallinen Hohlraumfüllungen. Frank Rudolph, Wankendorf.

59 Kalbe, J. & K. Obst (2015): Stop 3: Sternberger Gestein in der Kiesgrube Kobrow. In: Obst, K. et al. (Hrsg.): Exkursionsführer zur 79. Tagung Norddeutscher Geologen: 241–250. Schriftenreihe Landesamt für Umwelt, Naturschutz und Geologie (LUNG), Sternberg.

60 Katzung, G. (2004): Geologie von Mecklenburg-Vorpommern. Schweizerbart-Verlag, Stuttgart.

61 Kaufman, A. J. (2007): Palaeoclimate: Slush find. Nature 450 (7171): 807–808.

62 Klages, O. (1955): Kieselschwämme und Goniatiten aus dem Diluvialgeschiebe. Der Aufschluss 6 (10): 173–177.

63 Klug, G. (2009): Über das Holsteiner Gestein – ein für das südliche Schleswig-Holstein typisches Lokalgeschiebe. Geschiebekunde aktuell, Sonderheft 7: 3–12.

64 Koppka, J. (2004): Neue Bivalven (Heterodonta, Anomalodesmata) aus Kellowaygeschieben Norddeutschlands. Archiv für Geschiebekunde 4 (5): 233–272.

65 Krenkel, E. (1915): Die Kelloway-Fauna von Popilani in West-Russland. Schweizerbart-Verlag, Stuttgart.

66 Kruckow, T. (1964): Haifisch-Zähne und Fisch-Reste in Tertiär-Geschieben. Der Aufschluss, Sonderband 14: 57–63.

67 Kruckow, T. (1964): Seltene Weser-Funde: Verkieselte Goniatiten aus dem Weser-Kies. Die Weser 38 (6): 100–101.

68 Kruckow, T. (1964): Verkieselte Goniatiten (Ammonoidea, Cephalopoda) auf sekundären Lagerstätten in quartären Ablagerungen Nordwestdeutschlands. Veröffentlichungen aus dem Übersee-Museum in Bremen 3 (3): 152–160.

69 Krüger, F. J. (1985): Für Geschiebesammler: Die Kalke des Herrn Beyrich. Fossilien 2 (5): 210–214.

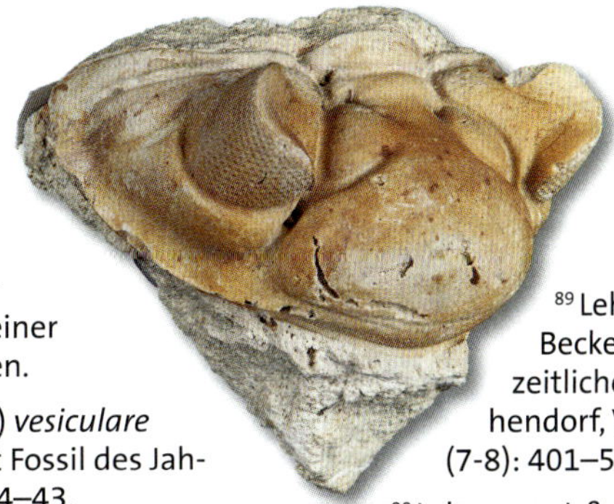

Cephalon eines Trilobiten, Slg. und Foto: H. Akkerman.

70 Krul, H. (1954): Zwerfsteenfossielen van Twente. Nederlandse Geologische Vereniging, Nijverdal.

71 Kuster-Wendenburg, E. (1999): Der Bremer Stein und die Dinosaurier. Die Geschichte einer Sammlung. Aschenbeck & Holstein, Bremen.

72 Kutscher, M. (2017): *Pycnodonte* (*Phygraea*) *vesiculare* (Lamarck, 1806) – eine wenig Beachtete ist Fossil des Jahres 2017. Geschiebekunde aktuell 33 (2): 34–43.

73 Kutscher, M., G. Grimmberger, R. Braasch & J. Säuberlich (2019): Präparation von Stachelhäutern (Echinodermata) im Feuerstein – eine kleine Handlungsanleitung. Geschiebekunde aktuell 35 (2): 53–62.

74 Kutscher, M., A. Richter & A. Krohn (2022): *Ophryaster magnus* Spencer, 1913- Ein weiterer Seestern-(Asteroidea) Nachweis im Feuerstein (Insel Møn, Dänemark). Geschiebekunde aktuell 38 (2): 59–64.

75 Ladwig, J. & S. Polkowsky (2016): Der Flossenstachel eines Haies der Gattung *Heterodontus* (Neoselachii, Heterodontiformes) aus einem Flintgeschiebe des Daniums von Fünen. Der Geschiebesammler 48 (4): 129–133.

76 Lampe, R. & S. Lorenz (2010): Eiszeitlandschaften in Mecklenburg-Vorpommern. Geozon Science Media, Greifswald.

77 Landman, N. H., S. Goolaerts, J. W. M. Jagt, E. A. Jagt-Yazykova & M. Machalski (2015): Ammonites on the brink of extinction: Diversity, abundance, and ecology of the order Ammonoidea at the Cretaceous/Paleogene (K/Pg) Boundary. In: Klug, C. et al. (Hrsg.): Ammonoid Paleobiology: From macroevolution to paleogeography, S. 497–553. Topics in Geobiology. Springer, Dordrecht.

78 Landman, N. H., S. Goolaerts, J. W. M. Jagt, E. A. Jagt-Yazykova, M. Machalski & M. M. Yacobucci (2014): Ammonite extinction and nautilid survival at the end of the Cretaceous. Geology 42 (8): 707–710.

79 Lang, H. O. (1879): Erratische Gesteine aus dem Herzogthum Bremen. Abhandlungen herausgegeben vom Naturwissenschaftlichen Vereine zu Bremen 6 (1): 109–306.

80 Lehmann, J. (1988): Geschiebesammeln – Der Münsterländer Hauptkiessandzug. Fossilien 5 (3): 113–117.

81 Lehmann, J. (1993): Triassische Sedimentärgeschiebe aus dem Münsterländer Kiessandzug in Westfalen und ihre geschiebekundliche Bedeutung. Archiv für Geschiebekunde 1 (7): 379–383.

82 Lehmann, J. (2006): Dinosaurier – Spuren einer vergangenen Welt. Münchehagen, der Bremer Stein und die Saurierfährten. Haus der Wissenschaft 3: 91 S., Bremen.

83 Lehmann, J. (2012): Der größte Ammonit der Welt. In: Martin, T. et al. (Hrsg.): Paläontologie: 100 Jahre Paläontologische Gesellschaft, S. 132–133. Pfeil-Verlag, München.

84 Lehmann, J. (2013): Aptian and Albian (Early Cretaceous) ammonites from glacial erratics of the Hamburg area, North Germany. Neues Jahrbuch für Geologie und Paläontologie, Abhandlungen 270 (1): 69–82.

85 Lehmann, J. (2013): Ein winziger *Illaenus* aus Eggestedt. Fossilien 30 (5): 261–262.

86 Lehmann, J. (2014): Flintseeigel aus frühneuzeitlichem Müll. Fossilien 31 (4): 6–7.

87 Lehmann, J. (2018): The „thick-shelled mussel" *Pycnodonte* (*Phygraea*) *vesiculare* – „Fossil of the Year" 2017. Deposits Magazine 53: 37–40.

88 Lehmann, J. (2022): Das Odby Klint in Jütland – mehr als 60 Millionen Jahre Erdgeschichte. Fossilien 39 (2): 16–23.

89 Lehmann, J., R. Hoffmann, H. G. Owen & W. Beckert (2016): Cephalopoden aus unterkreidezeitlichen Geschieben der Region um Wolgast-Hohendorf, Vorpommern. Archiv für Geschiebekunde 7 (7-8): 401–530.

90 Lehmann, J. & U. Kotthoff (2018): Insektensterben – das Ende der erfolgreichsten Tiergruppe unseres Planeten? Fossilien 35 (2): 8–12.

91 Lehmann, J., H. G. Owen & W. Beckert (2013): A new ammonite fauna from NE Germany – evidence for an Early Albian cooling and the initial transgression in the Danish-Polish Trough. Neues Jahrbuch für Geologie und Paläontologie, Abhandlungen 268 (2): 199–235.

92 Lehmann, J. & H. Rohe (2011): Zähne des Riesenhaies *Carcharocles megalodon* als Geschiebe aus dem Münsterland (NW-Deutschland). Geschiebekunde aktuell 27 (3): 69–74.

93 Lehmann, U. (1966): Dimorphismus bei Ammoniten der Ahrensburger Lias-Geschiebe. Paläontologische Zeitschrift 40 (1/2): 26–55.

94 Lehmann, U. (1967): Ammoniten mit Kieferapparat und Radula aus Lias-Geschieben. Paläontologische Zeitschrift 41 (1/2): 38–45.

95 Lehmann, U. (1967): Ammoniten mit Tintenbeutel. Paläontologische Zeitschrift 41 (3/4): 132–136.

96 Lehmann, U. (1968): Stratigraphie und Ammonitenführung der Ahrensburger Glazial-Geschiebe aus dem Lias epsilon (=Unt. Toarcium). Mitteilungen aus dem Geologischen Staatsinstitut Hamburg 37: 41–68.

97 Lehmann, U. (1971): Faziesanalyse der Ahrensburger Liasknollen auf Grund ihrer Wirbeltierreste. Mitteilungen aus dem Geologischen Institut der Technischen Universität Hannover 10: 21–42.

98 Lehmann, U. (1985): Zur Anatomie der Ammoniten: Tintenbeutel, Kiemen, Augen. Paläontologische Zeitschrift 59 (1/2): 99–108.

99 Lienau, H.-W. (1990): Geschiebe – Boten aus dem Norden. Geschiebekunde aktuell 2: 1–115. Hamburg.

100 Lienau, H.-W. (2003): Geschiebe – Boten aus dem Norden. PacoL, Hamburg.

101 Lierl, H.-J. (1990): Die Ahrensburger Geschiebesippe. Fossilien 7 (6): 256–267.

102 Lierl, H.-J. (1993): Ein Vogelrest in einem Flintgeschiebe von Schleswig. Geschiebekunde aktuell 9 (1): 3–6.

103 Lisiecki, L. E. & M. E. Raymo (2005): A Pliocene-Pleistocene stack of 57 globally distributed benthic $\delta^{18}O$ records. Paleoceanography 20 (1): 1–17.

104 Long, J. A. (2001): Major events in the history of life. Palaeozoic events. Rise of fishes. In: Briggs, D. E. G. & P. R. Crowther (Hrsg.): Palaeobiology II, S. 52–57. Blackwell, Oxford-London-Edinburgh-Malde-Carlton.

105 Ludwig, A. O., M. Reich & R. Schallreuter (2001): 65 Jahre Deutsches Archiv für Geschiebeforschung (DAG) in Greifswald. Geschiebekunde aktuell 17 (2/3): 39–62.

106 Lüttig, G. (2006): Die Ahrensburger Geschiebesippe - eine Fiktion? (Quartär; Schleswig-Holstein). Verhandlungen des naturwissenschaftlichen Vereins Hamburg 42: 151–180.

107 Maisch, M. W. (2018): Neue Dactylioceratiden (Cephalopoda, Ammonitina) aus dem untersten Toarcium (Tenuicosta-

tum-Zone) von Baden-Württemberg, Südwestdeutschland und ihre biochronologische Bedeutung. Jahreshefte der Gesellschaft für Naturkunde in Württemberg 174: 143–162.

108 Mángano, M. G. & L. A. Buatois (2017): The Cambrian revolutions: Trace-fossil record, timing, links and geobiological impact. Earth-Science Reviews 173: 96–108.

109 Mazza, P. (2000): Europa während des Quartärs. In: Meischner, D. (Hrsg.): Europäische Fossillagerstätten, S. 229–231. Springer-Verlag Berlin, Heidelberg.

110 Mazzetta, G. V., P. Christiansen & R. A. Fariña (2004): Giants and bizarres: Body size of some southern South American Cretaceous dinosaurs. Historical Biology 16 (2–4): 71–83.

111 McLoughlin, S., A. T. Halamski, C. Mays & J. Kvacek (2021): Neutron tomography, fluorescence and transmitted light microscopy reveal new insect damage, fungi and plant organ associations in the Late Cretaceous floras of Sweden. GFF 143 (2–3): 248–276.

112 Mecker, H. (1983): Beschreibung eines seltenen Fundstückes. Der Geschiebesammler 17 (1): 35–37.

113 Melchin, M. J., P. M. Sadler & B. D. Cramer (2020): Chapter 21 – The Silurian Period. In: Gradstein, F. M. et al. (Hrsg.): Geologic Time Scale 2020, S. 695–732. Elsevier, Amsterdam.

114 Menzel, H. (1974): Die Versteinerungen der Geschiebe im Raum Eggestedt-Garlstedt. Verein für Naturkunde für Vegesack und Umgebung 14: 45–47.

115 Menzel, H. (2010): Eggestedt bei Schwanewede – ein ehemaliger Geschiebefundort im Bremer Umland. Abhandlungen herausgegeben vom Naturwissenschaftlichen Verein zu Bremen 46 (3): 385–391.

116 Meyer, K.-D. (2002): Die geologische Entwicklung im Eiszeitalter. In: Häßler, H.-J. (Hrsg.): Ur- und Frühgeschichte in Niedersachsen, S. 25–37. Nikol Verlagsgesellschaft mbH & Co. KG, Hamburg.

117 Meyn, L. (1867): Der Jura in Schleswig-Holstein. Zeitschrift der Deutschen Geologischen Gesellschaft 19: 41–51.

118 Miller, K. G., M. A. Kominz, J. V. Browning, J. D. Wright, G. S. Mountain, M. E. Katz, P. J. Sugarman, B. S. Cramer, N. Christie-Blick & S. F. Pekar (2005): The Phanerozoic record of global sea-level change. Science 310 (5752): 1293–1298.

119 Miller, K. G., P. J. Sugarman, J. V. Browning, M. A. Kominz, J. C. Hernández, R. K. Olsson, J. D. Wright, M. D. Feigenson & W. Van Sickel (2003): Late Cretaceous chronology of large, rapid sea-level changes: Glacioeustasy during the greenhouse world. Geology 31 (1): 585–588.

120 Miller, K. G., J. D. Wright & J. V. Browning (2005): Visions of ice sheets in a greenhouse world. Marine Geology 217: 215–231.

121 Morris, J. L., M. N. Puttick, J. W. Clark, D. Edwards, P. Kenrick, S. Pressel, C. H. Wellman, Z. Yang, H. Schneider & P. C. J. Donoghue (2018): The timescale of early land plant evolution. Proceedings of the National Academy of Sciences 115 (10): E2274.

122 Mortimore, R. (2019): Flints in the Late Cretaceous Chalk of NW Europe. Deposits Magazine 58: 36–45.

123 Moths, H. (2002): Neue Mollusken aus dem „Sternberger Gestein" (Chattium, Oberoligozän) von Norddeutschland. Geschiebekunde aktuell 18 (1): 9–34.

124 Moths, H., A. Montag, A. Grant & F. Albrecht (1997): Die Molluskenfauna des oberoligozänen „Sternberger Gesteins" (Chattium) von Norddeutschland. Erratica 3: 3–85.

125 Moysiuk, J., M. R. Smith & J.-B. Caron (2017): Hyoliths are Palaeozoic lophophorates. Nature 541 (7637): 394–397.

126 Mulder, J. (2019): Het verhaal van een 'cold case' in mijn verzameling. Grondboor en Hamer 73 (3): 78–85.

127 Munnecke, A., C. Samtleben & T. Bickert (2003): The Ireviken Event in the lower Silurian of Gotland, Sweden – relation to similar Palaeozoic and Proterozoic events. Palaeogeography, Palaeoclimatology, Palaeoecology 195 (1): 99–124.

128 Neben, W. & H. H. Krueger (1971): Fossilien ordovicischer Geschiebe. Drukkerij Twentsche Courant n. v. Oldenzaal, Oldenzaal.

129 Neben, W. & H. H. Krueger (1973): Fossilien ordovicischer und silurischer Geschiebe. Drukkerij Twentsche Courant n. v. Oldenzaal, Oldenzaal.

130 Neben, W. & H. H. Krueger (1979): Fossilien kambrischer, ordovizischer und silurischer Geschiebe. Dinkeldruk bv Oldenzaal, Oldenzaal.

131 Neumann, C. (2006): Seeigel-Raritäten aus dem Geschiebe. Fossilien 23 (4): 238–244.

132 Nielsen, A. T. & N. H. Schovsbo (2011): The Lower Cambrian of Scandinavia: Depositional environment, sequence stratigraphy and palaeogeography. Earth-Science Reviews 107 (3): 207–310.

133 O'Brien, C. L., M. Huber, E. Thomas, M. Pagani, J. R. Super, L. E. Elder & P. M. Hull (2020): The enigma of Oligocene climate and global surface temperature evolution. Proceedings of the National Academy of Sciences 117 (41): 25302.

134 Ogg, J. G., G. M. Ogg & F. M. Gradstein (2016): Quaternary. In: Ogg, J. G. et al. (Hrsg.): A Concise Geologic Time Scale, S. 211–226. Elsevier, Amsterdam.

135 Osgood, R. G. & A. G. Fischer (1960): Structure and preservation of *Mastopora pyriformis*, an Ordovician dasycladacean alga. Journal of Paleontology 34 (5): 896–902.

136 Parrish, J. T. (1993): Climate of the Supercontinent Pangea. The Journal of Geology 101 (2): 215–233.

137 Peltier, W. R., Y. Liu & J. W. Crowley (2007): Snowball Earth prevention by dissolved organic carbon remineralization. Nature 450 (7171): 813–818.

138 Polkowsky, S. (1995): Titelbild – Krabbe *Coeloma* (*Paracoeloma* ?) *credneri* Noetling 1881. Der Geschiebesammler 28 (1): 1–2.

139 Polkowsky, S. (1996): Ein Sternberger Kuchen (Chattium) mit vier unterschiedlichen Haigattungen und einem unbestimmten Säugetierknochen. Geschiebekunde aktuell 12 (2): 33–38.

140 Polkowsky, S. (2014): Krebse und Krabben aus norddeutschen Geschieben. Books on Demand, Hamburg.

141 Preto, N., E. Kustatscher & P. B. Wignall (2010): Triassic climates — State of the art and perspectives. Palaeogeography, Palaeoclimatology, Palaeoecology 290 (1): 1–10.

142 Rasmussen, C. M. Ø., C. V. Ullmann, K. G. Jakobsen, A. Lindskog, J. Hansen, T. Hansen, M. E. Eriksson, A. Dronov, R. Frei, C. Korte, A. T. Nielsen & D. A. T. Harper (2016): Onset of main Phanerozoic marine radiation sparked by emerging Mid Ordovician icehouse. Scientific Reports 6: 18884.

143 Reich, M. & S. Schneider (2002): Erster Nachweis einer Seefeder (Octocorallia: Pennatulacea) aus dem Sternberger Gestein (Oligozän). Geschiebekunde aktuell 18 (1): 3–8.

144 Reinecke, T., S. Louwye, U. Havekost & H. Moths (2011): The elasmobranch fauna of the late Burdigalian, Miocene, at Werder-Uesen, Lower Saxony, Germany, and its relation-

ships with Early Miocene faunas in the North Atlantic, Central Paratethys and Mediterranean. Palaeontos 20: 1–170.

145 Reumer, J. W. F., J. Mulder, E. W. A. Mulder, H. Akkerman & J. H. A. van Konijnenburg-van Cittert (2020): The Rhaetian/Hettangian dipterid fern *Clathropteris meniscioides* Brongniart found in erratics in the eastern Netherlands and adjacent Germany. Neues Jahrbuch für Geologie und Paläontologie, Abhandlungen 295 (3): 297–306.

146 Richter, E., R. Baudenbacher & L. Eissmann (1986): Die Eiszeitgeschiebe in der Umgebung von Leipzig. Bestand, Herkunft, Nutzung und quartärgeologische Bedeutung. Mauritianum. Naturkundliches Museum Altenburg, Altenburg.

147 Roemer, F. (1857): Über Holländische Diluvial-Geschiebe. Neues Jahrbuch für Mineralogie, Geognosie, Geologie und Petrefakten-Kunde 1857: 385–392.

148 Roemer, F. (1885): Lethaea erratica oder Aufzählung und Beschreibung der in der norddeutschen Ebene vorkommenden Diluvial-Geschiebe nordischer Sedimentär-Gesteine. Palaeontologische Abhandlungen 2: 1–173. Berlin.

149 Ruddiman, W. F. (2014): Earth's climate. Past and future. W. H. Freeman and Company, New York.

150 Rudolph, F. (2001): Geschiebe aus Kreuzfeld Trilobiten, Seeigel und Holsteiner Gestein. In: Weidert, W.-K. (Hrsg.): Klassische Fundstellen der Paläontologie - Band IV, S. 245–254. Goldschneck-Verlag, Korb.

151 Rudolph, F. (2013): Kalmarsund-Sandstein. Der Geschiebe-Sammler 46 (1): 3–10.

152 Rudolph, F., W. Bilz & D. Pittermann (2010): Fossilien an Nord- und Ostsee. Quelle & Meyer, Wiebelsheim.

153 Rudolph, F., W. Bilz & D. Pittermann (2019): Fossilien an deutschen Küsten. Quelle & Meyer, Wiebelsheim.

154 Rudolph, F. & D. Luttermann (2001): Ein neuer Fund von *Xenusion*? Der Geschiebesammler 34: 147–154.

155 Rudolph, F., S. von Loga, B. Bayer & W. A. Bartholomäus (2015): Steine an Fluss, Strand und Küste. Kosmos, Stuttgart.

156 Rudolph, J. (2015): Olearius-Steine oder Wabenigel. Fossilien 32 (3): 58–61.

157 Sachs, S., J. Hornung Jahn, H.-J. Lierl & B. P. Kear (2016): Plesiosaurian fossils from Baltic glacial erratics: evidence of Early Jurassic marine amniotes from the southwestern margin of Fennoscandia. Geological Society, London, Special Publications 434 (1): 149–163.

158 Schäfer, R. (1993): Jurassische Geschiebefossilien aus dem Münsterländer Hauptkiessandzug I. Geschiebekunde aktuell 9 (4): 113–118.

159 Schäfer, R. (1994): Jurassische Geschiebefossilien aus dem Münsterländer Hauptkiessandzug II. Geschiebekunde aktuell 10 (1): 1–14.

160 Schäfer, R. (1994): Jurassische Geschiebefossilien aus dem Münsterländer Hauptkiessandzug III. Geschiebekunde aktuell 10 (2): 43–52.

161 Schäfer, R. (1994): Jurassische Geschiebefossilien aus dem Münsterländer Hauptkiessandzug IV. Geschiebekunde aktuell 10 (3): 83–95.

162 Schallreuter, R. (1983): Ein Archiv für Geschiebekunde. Der Geschiebesammler 17 (1): 29–34.

163 Schallreuter, R. (1985): Das zweite *Xenusion*. Geschiebekunde aktuell 1 (2): 17, 19–23.

164 Schallreuter, R. (1994): Krebsschere in einem Feuersteingeschiebe. Geschiebekunde aktuell 10 (2): 33–34.

165 Schallreuter, R. & I. Hinz-Schallreuter (2010): Die Nodibeyrichien des Beyrichienkalkes. Geschiebekunde aktuell 26 (4): 119–134.

166 Schallreuter, R. & M. Reich (2001): *Syringomorpha nilssoni* (Torell, 1868). Geschiebekunde aktuell 17 (1): Titelseite + 32.

167 Schallreuter, R. & R. Schäfer (1987): Cruminata (Ostracoda) aus Silurgeschieben Westfalens I. Geologie und Paläontologie in Westfalen 7: 31–41.

168 Schallreuter, R. & R. Schäfer (1987): *Gibba* (Ostracoda) aus einem Silurgeschiebe Westfalens. Geologie und Paläontologie in Westfalen 7: 57–63.

169 Schallreuter, R. & R. Schäfer (1987): Karbonsandstein als Lokalgeschiebe. Geologie und Paläontologie in Westfalen 7: 65–73.

170 Schallreuter, R., R. Vinx & H.-J. Lierl (1984): Geschiebe in Südostholstein. In: Degens, E. T. et al. (Hrsg.): Exkursionsführer des Nordsee- und Ostseeraumes, S. 107–147. Selbstverlag des Geologisch-Paläontologischen Institutes der Universität Hamburg, Hamburg.

171 Scharnweber, W. (2014): Die Eiszeiten in Schleswig-Holstein ... und was die Schleswig-Holsteiner daraus alles gemacht haben. Edition Temmen, Bremen.

172 Schneider, S. (2018): Trias-Geschiebe aus Berlin, Brandenburg und NW-Polen. Geschiebekunde aktuell 34 (4): 119–137.

173 Schneider, S. (2022): Muschelkalk-Geschiebe aus der Kiesgrube „Fresdorfer Heide“ südlich von Potsdam. Geschiebekunde aktuell 38 (2): 34–52.

Haizahn (Notidanus), Slg. und Foto: H. Akkerman.

174 Schöne, G. (2002): Geschiebezählung am Schulauer Ufer (Teil II) – Der saalezeitliche Till von Tinsdal bis Wedel-Schulau. Geschiebekunde aktuell 18 (4): 113–127.

175 Schöne, G. (2004): Das Schulauer Ufer – Ein berühmter Aufschluss, gestern und heute. Der Aufschluss 55 (3/4): 105–110.

176 Schöne, G. (2006): Zur Geschichte der Geschiebeforschung am Beispiel des Schulauer Ufers bei Hamburg. Archiv für Geschiebekunde 5: (1/5) 345–360.

177 Schöne, G., W. A. Bartholomäus, D. Beig, W. Bilz, B. Brügmann, L. Eißmann, M. Górska-Zabielska, R. Hoffmann, J. Kalbe, F. Knolle, K. Krause, R. Lach, J. Lehmann, K.-D. Meyer, K. Pegler, F. Rhebergen, W. Riegraf, B. Röhr, R. Rudolph, C. Schmidt-Riegraf, H. Schöning, O. Tietz, U.-M. Troppenz, P. Tscherny, H. Wagner, T. Weidner & H. Zellmer (2017): Bibliographie der Geschiebe des pleistozänen Vereisungsgebietes Nordeuropas IX. Archiv für Geschiebekunde 8: 533–740.

178 Schöne, G. & H. Wagner (2015): Geschiebefossilien vom Schulauer Ufer der Unterelbe. Fossilien 32 (1): 34–39.

179 Schöne, G., H. Wagner & B. Brügmann (2015): Zur Geschichte eines berühmten Geschiebe-Fundortes. Geschiebekunde aktuell 31 (3): 66–86.

180 Schulz, W. (2003): Geologischer Führer für den norddeutschen Geschiebesammler. cw Verlagsgruppe, Schwerin.

181 Schwandt, H. (2015): Seltener Fund einer fossilen Meeresassel (Crustacea: Isopoda: Cymothoida: Cirolanidae: *Palaega* sp.) in einem Dan-Feuerstein aus dem Geschiebe

von Mecklenburg. Mitteilungen der Naturforschenden Gesellschaft Mecklenburg 15 (1): 81–92.

182 Schwandt, H. (2016): Meeresassel in Dan-Flint aus der Kiesgrube Zarrentin. Der Steinkern 26: 4–5.

183 Schwandt, H. (2020): Fossil- und Gesteinsfunde aus einer Kies- und Sandgrube bei Zarrentin. Sonderheft Lauenburgische Heimat 33: 208–227.

184 Schwandt, H. (2020): Kalkalge *Coelosphaeridium* in Lavendelblauem Hornstein. Der Steinkern 42: 4.

185 Seilacher, A. (1999): Biomat-related lifestyles in the Precambrian. Palaios 14 (1): 86–93.

186 Seilacher, A. (2003): Der Garten von Ediacara und die kambrische Explosion. Museo 19: 70–81.

187 Sepkoski, J. J. Jr., R. K. Bambach, D. M. Raup & J. W. Valentine (1981): Phanerozoic marine diversity and the fossil record. Nature 293 (5832): 435–437.

188 Sepkoski, J. J. Jr. (1990): Evolutionary faunas. In: Briggs, D. E. G. & P. R. Crowther (Hrsg.): Palaeobiology – a synthesis, S. 37–41. Blackwell, Oxford-London-Edinburgh-Boston-Melbourne.

189 Sepkoski, J. J. Jr. (2001): The evolutionary process and the fossil record. Macroevolution. Competition in evolution. In: Briggs, D. E. G. & P. R. Crowther (Hrsg.): Palaeobiology II, S. 171–176. Blackwell, Oxford-London-Edinburgh-Malde-Carlton.

190 Siebs, A. (1920): Die Sedimentärgeschiebe im Gebiet zwischen Unterweser und Unterelbe. Schriften des naturwissenschaftlichen Vereins für Schleswig-Holstein 17: 90–140.

191 Skupin, K., E. Speetzen & J. G. Zandstra (1993): Die Eiszeit in Nordwestdeutschland. Zur Vereisungsgeschichte der Westfälischen Bucht und angrenzender Gebiete. Geologisches Landesamt Nordrhein-Westfalen, Krefeld.

192 Skupin, K. & R. Stritzke (2004): Frühsaale- bis drenthezeitliche Ablagerungen im östlichen und südöstlichen Münsterland. Geologie und Paläontologie in Westfalen 62: 5–36.

193 Speetzen, E. & J. G. Zandstra (2009): Elster- und Saale-Vereisung im Weser-Ems-Gebiet und ihre kristallinen Leitgeschiebegesellschaften. Münstersche Forschungen zur Geologie und Paläontologie 103: 1–113.

194 Stel, J. H. (1975): Erratische Favositidae der nördlichen Niederlande. Der Geschiebesammler, Sonderhefte 2: 1–203 Hamburg.

195 Teichert, C. (1934): Einige actinoceroide Cephalopoden aus dänischen Diluvialgeschieben und aus dem Gotlandium Skandinaviens. Meddelelser fra Dansk Geologisk Forening 8 (4): 371–401.

196 Thenius, E. & N. Vávra (1996): Fossilien im Volksglauben und im Alltag. Bedeutung und Verwendung vorzeitlicher Tier- und Pflanzenreste von der Steinzeit bis heute. Waldemar Kramer, Frankfurt.

197 Thome, K. N. (1998): Einführung in das Quartär. Springer-Verlag, Berlin.

198 Uścinowicz, S. (2014): Chapter 7. The Baltic Sea continental shelf. In: Chiocci, F. L. & A. R. Chivas (Hrsg.): Continental Shelves of the World: Their Evolution During the Last Glacio-Eustatic Cycle, S. 69–89. Geological Society, London, Memoirs. Geological Society, London, London.

Decapoder Krebs aus dem Paläogen. Slg. und Foto: H. Akkerman.

199 van Zuilen, M. A., A. Lepland & G. Arrhenius (2002): Reassessing the evidence for the earliest traces of life. Nature 418: 627-630.

200 Voigt, E. (1968): Ein unterkarbonischer Fund von *Gigantoproductus* bei Hamburg. Mitteilungen aus dem Geologischen Staatsinstitut Hamburg 67: 69–75.

201 von Hacht, U., Ed. (1985): Fossilien von Sylt. Inge-Maria von Hacht, Hamburg.

202 von Hacht, U. (1985): Wenig bekannte Spongien von Sylt. In: von Hacht, U. (Hrsg.): Fossilien von Sylt, S. 43–57. Inge-Maria von Hacht, Hamburg.

203 von Hacht, U., Ed. (1987): Fossilien von Sylt II. Inge-Maria von Hacht, Hamburg.

204 von Hacht, U. (1987): Gewinnung zusammenhängender Spongienskleren aus verkieselten Spongien von Braderup/Sylt. In: von Hacht, U. (Hrsg.): Fossilien von Sylt II, S. 131–139. Inge-Maria von Hacht, Hamburg.

205 Von Hacht, U. (1990): Fossile Spongien von Sylt. In: von Hacht, U. (Hrsg.): Fossilien von Sylt III, S. 103–142. Inge-Maria von Hacht, Hamburg.

206 Von Hacht, U. (1990): Fossilien vom Morsum-Kliff auf Sylt. In: von Hacht, U. (Hrsg.): Fossilien von Sylt III, S. 45–61. Inge-Maria von Hacht, Hamburg.

207 Walter, R. (2007): Geologie von Mitteleuropa. Schweizerbart-Verlag, Stuttgart.

208 Wefer, G. & F. Schmieder, Eds. (2015): Expedition Erde - Wissenswertes und Spannendes aus den Geowissenschaften. Marum-Bibliothek, Bremen.

209 Weidert, W. K. (1994): Viel Kies – Geschiebefossilien vom Niederrhein. Fossilien 11 (2): 93–95.

210 Wissing, F.-N. (1991): Beobachtungen am Beyrichienkalk. Geschiebekunde aktuell 7 (3): 97+99–105.

211 Witteck, K. & S. Witteck (2009): Ein Fisch im Danflint. Der Steinkern 3: 4.

212 Witteck, S. (2001): Fundbericht: Eine Krebsschere im Danflint. Geschiebekunde aktuell 17 (4): 127.

213 Witts, J. D., N. H. Landman, M. P. Garb, K. M. Irizarry, E. Larina, N. Thibault, M. J. Razmjooei, T. E. Yancey & C. E. Myers (2021): Cephalopods from the Cretaceous-Paleogene (K-Pg) boundary interval on the Brazos River, Texas, and extinction of the ammonites. American Museum Novitates 2020 (3964): 1–52.

214 Woodcock, N. H. (2002): The Quaternary: history of an ice age. In: Woodcock, N. H. & R. A. Strachan (Hrsg.): Geological History of Britain and Ireland, S. 392–311. Blackwell, Malden.

215 Zessin, W. (2012): Fossilien in „Lavendelblauem Hornstein“ – seltene Funde aus mecklenburgischen Kiesgruben und von der Insel Sylt. Mitteilungen der Naturforschenden Gesellschaft Mecklenburg 12 (1): 25–33.

216 Zessin, W., R. Braasch & S. Polkowsky (2009): Zwei neue Gesteinstypen aus dem Oberoligozän von Mecklenburg: „Consrader Gestein“ und „Rabensteinfelder Turritellengestein“. Mitteilungen der Naturforschenden Gesellschaft Mecklenburg 9 (1): 46–54.

217 Zhang, X. & D. Shu (2021): Current understanding on the Cambrian Explosion: questions and answers. PalZ 95 (4): 641–660.